SHARPRECONSTRUCTION

鴻海流　スピード経営と日本型リーダーシップ

中田行彦

立命館アジア太平洋大学
名誉教授

啓文社書房

シャープ再建

鴻海流　スピード経営と日本型リーダーシップ

はじめに

シャープの戴正呉社長との面談から、本書は生まれた。

シャープの復活劇から学ぶ「国際経営」と「リーダーシップ」の入門書である。

周知の通りシャープは、債務超過に陥り、2016年、台湾の鴻海精密工業の傘下となった。

液晶の勝ち組であったシャープが、液晶の堺工場を建設したことをきっかけとして一気に債務超過にまで至ってしまったのだ。

日本の大手電機メーカーが、外資系企業に買収されるのはこれが初めてのことであった。

それから2年の時を経て、鴻海の傘下でシャープは驚異の復活を遂げた。

なぜ鴻海の傘下でシャープは復活することができたのか――。

これが、この本の主題である。


初対面の人間と一対一では、まず話をしない戴正呉社と直接会って話ができたのは千載一隅の機会であったと言えよう。

戴社長からの依頼により、私の「すり合わせ国際経営」と「共創」の考え方について説明する機会を得たのだ。

約束当日、シャープ本社に赴いた私の話にじっと耳を傾けた後、戴社長は次のように言われた。

「2016年8月27日に正式に社長に就任しました。鴻海からシャープの組織に入るのは私一人としました」

「社長に正式就任する前でしたが、回復には自信を持っていました。前の経営者がなぜ黒字にできなかったのか？　それは今でもわかりません」

自信に満ち溢れた言葉である。

社長就任後の戴氏の報酬は、2018年3月末までゼロであり、日本での住まいもシャープの社員寮であったという。そんな戴社長の人柄を一言で表すなら「清貧」であり、その根幹にあるのは鴻海流「日本型リーダーシップ」と言える。

海外から日本企業にきて、コストカットで会社を立て直すという点から見れば、戴社長と日産のカルロス・ゴーン氏は似ている。しかし、ゴーン氏の破格の高額報酬を得る「西洋型リーダーシップ」と戴氏のリーダーシップは全く異なる様相を呈している。

『清貧・シャープ載社長　対　強欲・日産ゴーン元会長』

同じ海外からの日本企業「再建請負人」であっても人柄は正反対と言っていいだろう。面談を通して戴社長の人柄に触れたことが、私にこの本を書く気にさせた。いや、戴社長の人柄とリーダーシップについて技術経営の視点から書けるのは自分しかない。むしろ私に課せられた義務であるとさえ思った。

また鴻海の代表取締役に当たる郭台銘董事長（かくたいめいとうじちょう）をよく知る二人の関係者に面談し、鴻海の発展過程を聞いた。この面談を基に、私は、郭董事長の経営の特長を、「規範破壊経営」という呼び方で言い表した。

本書の主題である、「シャープは、なぜ鴻海の傘下で復活できたのか？」の答えと、そしてそこから得られるヒントを先取りして予告しておく。

一つ目の復活を可能にした決定的要因は、先にも述べた、戴社長の鴻海流「日本型リーダーシップ」にあると確信した。郭董事長の「規範破壊経営」もまた、シャープへの投資に踏み切った理由を考える上で重要な経営理念と言える。

前述の通り、シャープは、日本の大手電機メーカーで初めて外資系企業の傘下に入った企業である。つまり、文化の異なる経営者と従業員という関係を通して、より一般的な「リーダーシップ」の在り方、経営学的に言えば「組織行動論」のヒントが得られるだろう。

二つ目の決定的要因は、これまでに私が主張してきた、「すり合わせ国際経営」である。これはシャープと鴻海の補完関係を活用した「国際垂直分業」と、両社の強みから新しい価値を創造する「共創」である。これはシャープ元副社長で、ソフトバンクの孫正義氏を支援した佐々木正氏が提唱された「共創」の理念と一致する。

現在「米中ハイテク戦争」が進行している最中において、わが国の企業がアジアの企業とどう付き合うか、つまりアジアにおける「ものづくり国際経営」へのヒントが得られるものと考えている。

また、本書はシャープと相前後して経営危機に陥った東芝。シャープは東芝からＰＣ事業を買収した。売った側と買った側——両者の違いは一体どこから生じたのか。

『シャープの経営戦略　対　東芝の経営戦略』

この経営戦略の違いを、「企業統治」、「グローバル経営」、「官民ファンド」、「経費削減」の視点から掘り下げる。

日本のものづくり復活を主題にする理由。それは他でもない私が長く日本のものづくりに関わってきたからだ。

ここで筆者とシャープとの関わりについて簡単に紹介させていただく。

私は1971年、神戸大学大学院を卒業すると同時にシャープに入社、技術者として33年間勤務した。太陽電池の研究開発に約18年間、液晶の研究開発と生産技術に約12年間携わった。この間、米国のシャープ・アメリカ研究所の研究部長などを約3年間務め、国際チームの研究管理とシリコンバレー等での「目利き」と技術移転を行った。日本に帰国後は、液晶研究所の技師長を務めた。

2004年からシャープの技術者から大学の研究者へと転身。立命館アジア太平洋大学の教授として「技術経営」の研究と教育を続けてきた。2017年4月からは、同校の名誉教授・客員教授として、日本のものづくりの研究と教育を続けてきている。

著書に関して述べれば、2015年に『シャープ「液晶敗戦」の教訓』(実務教育出版)、2016年に『シャープ「企業敗戦」の深層』(イースト・プレス)を出版。その両方の著書の中で、シャープと鴻海の提携が補完関係にあり良い組み合わせであることを指摘した。2015年に提案した「すり合わせ国際経営」モデルが、手前味噌ながらシャープ復活に必要な二つ目の決定的要因となるであろうことを予言していたことになる。

さて、最新の著書となる本書の大きな特長は、筆者が次の三者の視点から、一次情報を分析したことである。

シャープで液晶の研究開発に関わった「当事者」として、
大学で「技術経営」を専門とする経営学者である「分析者」として、
そして、戴社長等多くの人と面談し一次情報を得る「インタビュアー」としての視点である。

幸いにも戴社長を始め、数多くのシャープ関係者から貴重な証言や情報を得ることができたことに感謝したい。また、米国、韓国、中国、日本の展示会・講演会・学会にも参加したことで、多くの一次情報を入手できた。これらを「当事者」としての知識・経験を踏まえ、「分析者」として経営学の視点で分析したのが本書である。

本書は特に、次のような方々に是非読んでいただきたい。そして読み解いていただきたい。

日本のものづくりに関わっておられる方、
日本のものづくりの競争力を高めたい方、
日本のものづくりに問題意識を持っておられる方。

目次

第I部 シャープの救世主：戴社長の「日本型リーダーシップ」

第1章 戴正呉社長との面談

第2章 「社長メッセージ」から見る戴社長の人柄と戦略

第3章 戴社長の鴻海流「日本型リーダーシップ」

第2部 郭董事長の「規範破壊経営」とシャープへの恋

第8章 「テレビ1000万台」達成の後遺症から「自力開拓」へ

第9章 シャープ・鴻海連合が直面する死活問題

第4部 大転換するアジアの「ものづくり」

第10章 鴻海・シャープ連合で三兎を追う「規範破壊経営」

第11章 シャープが有機ELスマホで仕掛ける日韓戦争

第12章 「すり合わせ国際経営」と「共創」

カバーデザイン／中村勝紀
本文デザイン／梅津由紀子

第Ⅰ部 シャープの救世主：戴社長の「日本型リーダーシップ」

第1章 戴正呉社長との面談

戴社長からの依頼で面談

それは一通のメールから始まった。

「大分県内研究者情報データベース」からの問合せのメールであった。

その内容は、戴正呉社長が私と一度会いたいというシャープ社長室からの申し出であった。

私は、2004年から別府にある立命館アジア太平洋大学の教授をしており、大分の企業からの相談に対応できるように、以前からそのデータベースに登録していたのだ。

私は、直ぐに返信のメールを社長室に送った。

「戴社長様からお会いしたいとのお申し出をいただき、たいへん感謝いたします。戴社長様のご都合のよい日時に、ご指定の場所にお伺いします。」

シャープ社長室からメールが届いたのには、伏線があった。

2018年6月、私はシャープ株主総会に出席していた。なぜなら私はシャープの株主だからである。

無事総会が終了した後、予期せぬことが起こった。

戴社長が壇上から降り、自ら会場の株主達と握手して回られたのだ。

それほど壇上と株主は近かった。

私の席は前から3列目だったため、戴社長は私の眼前にも手を差し出してきた。その手を握りながら、私は「頑張ってください」と声をかけていた。シャープOBであり経営分析してきたことから、自然にその言葉が口をついて出たのだ。

ふと我に返った私は、自著である『シャープ「企業敗戦」の深層』と、同書の台湾語翻訳版の2冊を、戴社長に手渡した。

「本人ですか？」

戴社長からの質問に、私は頷いた。

そのとき、私は戴社長が既に私の著書を読んでおられることを直感した。それには更に伏線があるのだが、それは後述するとして、この株主総会から約10日後、私は社長室からメールを受け取り、2週間後には面談が実現した。

思い立ったらすぐに動く戴社長の「行動力」を実感させられる出来事であった。

シャープ本社の最寄り駅まで、戴社長が常々使っているという黒色のミニバンが迎えに来てくれ、本社に着いた（図1-1）。

大阪市阿倍野区にあった元本社はニトリに売却し賃貸で使用していた。しかし、戴社長は更

図1－1　シャープ堺工場
この一番奥の太陽電池工場の一角に本社がある。
堺工場の運営合弁会社SDPも右側に見える〈著者撮影〉

なる経費削減のため本社を堺工場内に移転したのである。

まず本社2階の会議室に案内され、三菱UFJキャピタルの社長からシャープに移籍した常務執行役員で社長室長の、橋本仁宏氏と会って話をした。

私は、今回の戴社長との面談の目的が、私の説をより詳細に説明することであると理解していたので、パワーポイントのデータと紙出力を用意していたが、ちょうどシャープの80インチ液晶を用いた電子黒板(BIG PAD)が設置されていたので、これを用いて自説について説明することにした。

戴社長のシャープ社長就任と黒字化への自信

しばらくして戴社長が入室。前回できなかった名刺交換を改めて行っ後、ランチミーティングが始まった。

まず私が説明したのは、シャープの研究・開発力およびブランド力と、鴻海が持つ生産技術と中国等にある生産工場という補完関係を活かす「すり合わせ国際経営」と「共創」の考え方であった。

「この考え方は、最近提案されたのですか?」

それが戴社長からの最初の質問だった。

私は、「すり合わせ国際経営」は、シャープと鴻海が最初に提携する前の2015年から提唱していると回答した。

戴社長は、シャープ社長就任の経緯と黒字化について以下のように述懐した。

「2016年8月13日に正式に社長に就任しました。鴻海からシャープの組織に入るのは私一人としました。そして、シャープの夏休み中の8月21日の日曜日に管理職に本社に集まってもらいました。夏休み最後の日でしたが100パーセント参加してくれて感謝しています。そこで私が作成した『経営基本方針』を発表しました」

「この時は、社長に正式就任する前でしたが、回復に自信を持っていました。

正式に社長に就任してから2か月で黒字になりました。前の経営者がなぜ黒字にできなかったのか？　今でもわかりません」

社長就任時から、黒字化に確固たる自信を持っていたことを示すのに、これ以上強い言葉はないだろう。

戴社長が次に述べたのは、自分がそこまで自信を持てた根拠と、それまでシャープが抱えていた問題点についてであった。

「私は、コピー機以外の白物、スマホ等で経営経験があり、これらの経験を基に決裁書の判断もできます。その観点から見ると、経営者や管理職に、経営の知識が不足していました。例えば、過去の契約書の中には、法務上の知識が不足して、不平等なものが多い。経営として、しっかり審議しようというプロセスが弱かった。一例を挙げれば、中国では通常では10年契約はありません。通常より上の条件で、契約し直しました」

戴社長のビジネスにおける、広範囲で豊富な知識と実務経験が、課題発見と黒字化への自信につながっていることを実感させられる言葉だった。

「テレビ1000万台」の野心的計画達成へ

シャープと鴻海の互いの長所を活かしながら共同で価値創造する「共創」の考え方を説明した後、私は次のような質問をした。

「液晶テレビ1000万台計画を達成するには、新興国向けの液晶テレビを共創する必要があると考えますが、現状はどうでしょうか？」

「開発スピードが遅い。このため、国内と国外の組織に分ける計画です」

それが戴社長の答えだった。

このやり取りに出てきた「液晶テレビ1000万台計画」の背景を述べておく。

シャープはテレビ事業で反転攻勢の野心的な計画を発表した。2016年9月20日に開いた製品説明会で、2018年度の世界販売を16年度見込み比で2倍の1000万台に増やす方針を表明したのだ。

シャープのテレビ販売は10年度に過去最高の1482万台を記録してからは減り続け、15年度は582万台、16年度も減少することは目に見えていた。1000万台という野心的な目標を達成するカギを握るのは鴻海だ。

シャープと鴻海が共同開発するテレビを2016年内に発売する予定のほか、中国や東南アジア向けの組み立ては鴻海の工場への委託を検討する。消費地に近く、部品調達力がある鴻海の工場を使えば、コストを大幅に下げられると目論んだのである。

シャープグループの国内パネル工場には1000万台分を賄う供給能力があるにはあった。しかし、韓国サムスン電子等の他社への供給を含めて稼働していた。そのため1000万台を生産・販売するには、サムスン電子への液晶パネル供給を停止し、自社ブランドで1000万台の販売を達成する必要がある。

シャープと鴻海が共同運営する大型液晶パネル工場「堺ディスプレイプロダクト（SDP）」は、韓国サムスン電子へのテレビ用パネル供給を2017年から停止した。SDPは、液晶パネル事業の収益改善のため、サムスン電子と価格交渉を進めていたが、条件が折り合わず、供給中止をサムスンに通告したとしている。

また、シャープは、2014年にテレビ事業を売却した欧州の中堅家電メーカーUMC（スロバキア）の親会社SUMC（キプロス）を104億円で買収すると、2016年12月22日に発表した。SUMCはシャープがテレビを生産していた元ポーランド工場も保有しており、生産・販売の両面で欧州でのTV事業に再参入する計画だ。

そもそも、郭董事長は、2012年頃から「シャープと鴻海が組んで、韓国のサムスンに勝つ」、つまり「日台連携で韓国に勝つ」という構想を抱いていた。

つまり「テレビ1000万台」の野心的計画は、サムスンを切って「日台連携で韓国に勝つ」構想を進めるものであり、背水の陣で臨む必達目標であった。

私は、この計画達成のためには、4K等の高級液晶テレビの市場だけでなく、新興国市場への参入が必須であると考えていた。そこで新興国向けの液晶テレビについての質問をぶつけてみたが、その回答は「国内と国外の組織に分ける」であった。

結果として「テレビ1000万台」計画は達成された。とは言え、新興国向けの液晶テレビの開発ではなく、後に禍根を残す方法によって達成されたものであった。この問題については、後で触れることにする。

ビジネスモデルを変える!!

今後の計画についての質問に対して戴社長は、ビジネスモデルを変えることを明言。ハードウェアだけでなく、プラットフォームやAIoT等をトータルに考えていくという強い決意を示した。

一通りのインタビューを終え、最後に私は今回の面談の内容を発表することに同意してもらえるかどうかを尋ねた。

返ってきた答えは、非常にオープンな性格の持ち主である戴社長らしく単純明快だった。

「私はドライな性格です。ストレートに書いてもらってOKです。」

社員寮に住む「清貧」な人柄

インタビュー終了後、橋本仁宏社長室長から戴社長について聞いた。

「戴社長は、大同工学院（現大同大学）を卒業後、台湾電機大手大同グループに入社され、3年間日本に駐在された経験があります」

日本語が堪能なのはそのためである。1986年に鴻海精密工業に異動した後、ソニーやパナソニックとの取引を成功させ、2004年にグループ副総裁に就任。その後、前述の通りシャープの社長に就任した。

戴社長の人柄について、橋本社長室長は次のように述べた。

「戴社長は、シャープの社員寮に住まわれています。以前の旧本社近くの寮は、風呂・トイレが共同でした。堺工場に新しい寮『誠意館』が建設されてからは、この社員寮に移られました。新しい寮は個室に風呂・トイレが付いていますが、社員と同じ環境です。新幹線は、グリーン車でなく、普通車を使われます。」

「戴社長の昨年の報酬はゼロです。報酬を貰ってもらうように、我々が説得しました。次の社長が報酬をもらえるようにです。この結果、株主総会で報酬を貰ってもらうことを提案し了承されたのです」

まさに「清貧」を地でゆく人柄である。経費を徹底的に削減し、率先垂範する。（株）IHIや東芝を再建した「めざしの土光さん」こと土光敏夫氏を彷彿とさせるエピソードである。「戴社長は社員とのコミュニケーションを図るため、毎月メールで全社員に向けた『社長メッセージ』を送られます」

後日この「社長メッセージ」を提供してもらえることとなった。

創業者・早川徳次氏への傾倒

その後、橋本仁宏社長室長から本社施設に関しての説明を受けた。

2階の会議室から階段を下りると、創業者の早川徳次氏の銅像や「経営信条」や、現社名の起源となった早川式繰出鉛筆（エバー・レディ・シャープ・ペンシル）が展示されていた（図1－2）。

図1－2　本社入口の創業者早川徳次氏銅像、経営信条、早川式繰出鉛筆等の展示
（著者撮影）

私がシャープに勤務していた当時は、朝礼等で「経営信条」を唱和していたものだ。

「戴社長が経費削減のため、本社を堺工場内に移転した際、創業者の早川徳次氏の銅像を旧本社から移設されました。戴社長は、出勤時に、早川徳次氏の銅像に一礼するのを欠かされません。シャープ社員でも、ここまでする人はいません」

私が1971年4月にシャープ株式会社に入社した時、創業者早川徳次氏からの訓示を聞いた。早川徳次氏は「他社がまねしてくれる商品をつくれ」と言われ、独創性を重んじる社風が連綿と続いていた。

戴社長は、この創業者早川徳次氏の考え方を継承したのである。

早川徳次氏銅像のすぐ横に見学者ホールが

ある。

「本社入り口横の車止めをもったいないと見学者ホールにされました。ここで株主総会を行っています」

それまでそこは太陽電池事業部の見学者のために敷設したホールと思っていたが、経費削減のため、車止めを改造したものであることをそのとき初めて知った。

第2章

「社長メッセージ」から見る戴社長の人柄と戦略

「社長メッセージ」の提供を受ける

面談内容については ストレートに書いてもらってかまわないという戴社長の了解があったことから、社長室からは前述の「社長メッセージ」を社長就任時から2018年6月までの分を提供していただくことになった。

基本的に社内向け情報であり、社長就任時から復活までに至るその時々の本音と戦略がまとめられている。この「社長メッセージ」は戴社長の戦略と、その変化を知る上で格好の一次情報となった。

私はその「社長メッセージ」の要点を取りまとめて体系化し「見える化」した。これにより「戴社長のリーダーシップ」に焦点をあてて「戴社長の経営」の本質に迫るアプローチを取った。

また、「社長メッセージ」からの引用を基に、戴社長のリーダーシップを論文にまとめて発表したので、関心のある方は参照いただきたい（中田2018a）。

「社長メッセージ」から、戴社長のリーダーシップに関連する部分を整理・選択して引用する。引用部は『』でかこみゴシック体で示し、趣旨を変更しないように注意した。最近の状況を述べた後、戴社長の社長就任時に戻り順次述べていく。

〝誠意と創意〟ある仕事と「借力使力」（２０１８年６月25日）

私がインタビューする直前に出された「社長メッセージ」で、「〝誠意と創意〟のある仕事を実践し、シャープならではの新たな価値を創出しよう」と述べられている。まさに「創業者の精神」に基づく〝トランスフォーメーション（転換）〟のことを述べている。

『６月20日に、堺本社で、第１２４期定例株主総会を開催し、（中略）全ての議案を承認いただきました。』

『当社は、中期経営計画の基本戦略として、「戦う市場」「オペレーション」、そして「事業」の３つのトランスフォーメーションに取り組んでいます。』

戴社長が私との面談で述べた、ビジネスモデルを変え、ハードウェアだけでなくプラットフォーム、ＡＩｏＴ等をトータルに考えていくという具体的な内容をこのメッセージの中で示唆している。

『「事業」のトランスフォーメーションは、当社単独のリソースだけでは限界があることから、「借力使力」、すなわち、協業を通じて他社の力を活用するとともに、投資戦略についても、従来の生産設備から、新たな事業や技術、人材中心の投資へと大きく転換していきます。』

戴社長との面談時に私が説明した、補完関係にあるお互いの長所を活かす「すり合わせ国際経営」と「共創」の考え方と同じだ。

真の再生に向け、今一度、経営基本方針に立ち返ろう（2018年4月6日）

中期経営計画は、1年目を2017年度に終え、2年目がスタートした。

『一昨年8月の社長就任時のメッセージで皆さんにお伝えした、経営基本方針の根幹となる3つの構造改革方針を、改めて確認しておきたいと思います。

1つ目は、「ビジネスプロセスを根本的に見直す」です。

２つ目は、「コスト意識を大幅に高める」です。
３つ目は、「信賞必罰の人事を徹底する」です。（各方針の詳細説明は省略）』

『今年は、大卒新入社員が技術系２５０名、ビジネス系58名、高卒新入社員57名、合計３６５名と、昨年の２倍以上の新たな仲間が加わりました。４月２日には、堺本社で入社式を開催し、野村副社長より、当社の目指す方向性と共に、「Be Original.（誠意と創意）」「One SHARP（以和為貴）」「Responsibility（有言実現）」の３つのキーワードに沿って、当社が求める人材像についてお話ししました。』

３つの構造改革方針にブレは無い。
３つのキーワードは、次のように整理されている。

「Be Original.（誠意と創意）」
「One SHARP（以和為貴）」
「Responsibility（有言実現）」

英語圏や中国語圏の人にも理解しやすいように整理されてきている。

さて、再建後の「社長メッセージ」から、その状況を述べてきたが、戴社長が就任した時にさかのぼり、経営の変遷を振り返る。

自分の信条を明らかにする（2016年8月22日）

戴社長が就任した直後の、2016年8月22日付の最初のメッセージで、自分の信条を明らかにされた。

『この度、社長に就任しました、戴正呉です。4月2日に堺にてシャープと鴻海の資本提携の契約にサインした後、各国の競争法認可及び出資完了を経て、8月13日に正式にシャープの社長に就任しました。この出資は買収ではなく投資であり、シャープは引き続き独立した企業です。ですから、鴻海からシャープの組織の一員となるのは私一人としました。

（中略）

シャープの社長としての私の使命は、短期的には、一日も早く黒字化を実現するとともに、シャープを確かな成長軌道へと導き、売上・利益を飛躍的に拡大していくことです。その実現のためには、鴻海との戦略的提携が鍵となります。両社の強みを活かした幅広い協業を加速

し、大きなシナジーを生み出せるよう、私が先頭に立って取り組みます。

中期的な使命としては、次期社長となる経営人材を育成・抜擢するとともに、積極果敢にチャレンジする企業文化を創造することです。これによって、さらなる100年に向かって盤石な経営基盤を築いていきます。』

更に、三つの方針を挙げている。

『こうした取り組みを加速するとともに、一方で、早期黒字化を実現するため、以下の3つの方針で構造改革を進めていきます。

1．ビジネスプロセスを抜本的に見直す

2．コスト意識を大幅に高める

3．信賞必罰の人事を徹底する

（なお各項目の詳細は省略）』

経営学では、リーダーシップの先行研究が数多くある。一部先取りすれば、クーゼスとボスナーは、「喜んでついてくる（willingly follow）」人達、つまりフォロワーの存在が重要であり、基礎としての「信頼感（credibility）」を見出した。そのために必要な、共通の価値観の確立等の「6つの規範」を提唱した。
この「規範」の一つが、「自らの本質を見極める」というものである。最初の「社長メッセージ」の中で、戴社長が自らの信条を明らかにしていることは、その規範を実践していることに他ならない。

〝One SHARP〟と「有言実行」(2016年9月21日)

〝One SHARP〟と社内結束と共に「有言実行」を求めている。

『〝One SHARP〟の意識を持つということです。(中略)
これまで、「分社化経営」ばかりがクローズアップされてきましたが、「分社化経営」で個別の事業・オペレーションを徹底的に強化しながら、同時に〝One SHARP〟で全体最適を追求する。一見、相反するこの2つを両立することこそが、シャープの総合力をさらに高める鍵になると考えています。(中略)
重要なことの一つが「有言実行」です。これからは、対外的な約束を一つひとつ確実に実行することを積み重ねていかなければなりません。』

シャープが危機に立たされた時、経営陣は多くのコンサルタント会社に復活の為の経営戦略の立案を依頼した。彼らはある面でプロのビジネスマンで、米国型の経営戦略を立てるのだが、現場を知らないコンサルタント会社が提案できることと言えば経費削減と組織変更くらいのものである。実際その中身を見てみると、一部の組織と組織をくっつけて組織変更と称するものであった。それで多額のコンサルタント料を取る。まるで、危機に陥った企業を、寄ってたかって食い物にする様な状況だった。

鴻海が主導権を取った後、組織変更をやり直し「分社化」した。真に分社化された組織がスピードと主導権を持つ「分社化経営」と、同時に〝One SHARP〟を標榜して全体最適を追求する。「分けること」と「まとめること」この相反する概念の両立を宣言している。

また、戴社長は「有言実行」の重要性を自らの行動で示している。経費削減、社員寮住い、報酬ゼロ等を「有言実行」、もっと正確に言えば、「率先垂範」しているのである。

「創業の精神」を取り戻そう（2016年11月1日）

『〝Be Original.〟については、（中略）新コーポレート宣言として、グローバルのお客様に訴求していくことを、本日、正式にリリースしました。（中略）
私は、シャープが黒字化し、成長軌道へと転じていくためには、社内に「創業の精神」を根付かせることが、一番の近道だと確信しています。』

「創業の精神」を取り戻そうと呼びかけた。

〝Be Original.〟を新コーポレート宣言とした。
創業者早川徳次氏が醸成してきた「独自性」を尊重する社風を英語にしたものだ。
早川徳次氏は、創業のこころざしとして、次のように述べている。
「まねしてくれる商品を出さないといかんといつも言ってる。まねしてくれるから世の中進歩していく。」

実際に、早川徳次氏は、ベルトに穴をあけずに好みの位置に調整できるように工夫されたバックル「徳尾錠」で、最初の実用新案を取得している。そして、社名の由来ともなったシャープペンシル（早川式繰出鉛筆）を考案した。

早川徳次氏が口にしたとされる「他社がまねするような商品をつくれ」という言葉は、実際の録音音声では「まねしてくれる商品」と、まねする相手に敬意を払った言葉づかいになっている。

他社がまねしてくれるような商品は、消費者が望む良い商品、つまり売れる商品だ。他社がまねしてくれることで宣伝も行き届き、市場も拡大する。

先発メーカーは、常に後から追いかけられるので、現状に満足せず、その先を考えなくてはいけない。しかし、更により優れたものを開発し、いつもまねてくれるような商品を出すように心がけていれば、結局、自社の発展・成長に結びつく、と考えたのである。「まねが競争を生み、技術の底上げをし、やがては社会の発展につながる」とも言っている。

早川徳次氏の「創業の精神」は、常に先頭を走るフロントランナーを指向する、つまり独自性を重んじている。

私はシャープに33年間勤務したが、会社の中では常に「創業の精神」が継承され徹底されていた。朝礼等で経営信条「二意専心　誠意と創意」を唱和していた。この「創意」が独創性の尊重を示しており、その前に人としての「誠意」が重要であるとのことだ。「リーダーシップ」に関して、前述のようにクーゼスとボスナーは「6つの規範」をまとめている。その規範の中で最も重要なのが、フォロワーと「共通の価値観を確立する」である。
シャープの「創業の精神」を根付かせることが、従業員と「共通の価値観を確立する」ことを可能にし、従業員から「信頼感」を得るための必須要件である。そして、それができて初めて「リーダーシップ」を発揮することが可能になるのである。

『社内に「創業の精神」を根付かせることが、一番の近道だと確信しています。』ということは、戴社長は、従業員から「信頼感」を得る真髄を体得しているのだと言えるだろう。

調達コストダウンの交渉力(2016年11月22日)

調達のコストダウンには、交渉力が必要である。

『長らく経営危機が続いた当社には、不平等な条件での契約、割高な価格条件や支払条件など、見直すべき項目が数多くあります。しかし、今の当社は過去のシャープとは違います。交

渉力のある〝強いシャープ〟なのです。

つい先日も、ある決裁書の報告の際、事業部長から、「これまでコストダウンに応じたことのない取引先であり、コストダウンは不可能」との報告を受けましたが、私は一切認めませんでした。その後、事業本部で粘り強く交渉した結果、11%にも及ぶ、過去には考えられないコストダウンを勝ち取ることができました。

これからは、調達交渉に限らず、すべての交渉にあたって、皆さん一人ひとりが、マインドを切り替え、粘り強い姿勢で交渉に臨むように心掛けてください。』

海外から来た日本企業の「再建請負人」としては、シャープの戴社長と共に、日産のカルロス・ゴーン氏が挙げられる。両者の性格は全く異なるが、そのマネジメント手法は、復活に最も早く効果が上がる「コストカット」である。

日本人経営者の場合、どうしても古くからある「しがらみ」に捕らわれて、大鉈をふるうことができない。しかし、海外から来た経営者は、それまでの「しがらみ」など一切考慮することなく、コストカットに踏み切ることができる。海外から来た再建請負人が成功する確率が高いのは、この理由である。

ここで私が従事していた太陽電池事業における、鴻海流の「コストカット」の実状を紹介しておく。

シャープの太陽電池生産量は、市場拡大の追い風を受けて、２０００年には世界トップになった。しかし２００７年、シャープは長く堅持してきた世界シェアトップの座から陥落した。その原因は、太陽電池の原料に使うシリコンの調達に失敗したことだ。それによって太陽電池事業を率いてきた責任者が更迭された。その失敗に懲りたシャープは、シリコン材料の調達を長期契約することにしたが、その結果、シャープは市場価格より高い価格で購入することを余儀なくされた。

私は、経営者が更迭された後の対応であったことから、誰も調達価格の再交渉を言い出せなかったと思っている。

太陽電池事業は、２０１６年3月期まで2期連続の赤字だった。２０１６年10月から12月期も79億円の営業赤字で、そのうちの実に76億円が材料買い付けの引当金であり、価格交渉のやり直しが急務であった。この状況で『**不平等な条件での契約、割高な価格条件や支払条件など、見直すべき項目が数多くあります。しかし、今の当社は過去のシャープとは違います。交渉力のある〝強いシャープ〟なのです。**』と、戴社長は価格交渉を指示した。

その結果、シリコン材料の調達コストカットに成功し、太陽電池の採算が改善した。（日本経済新聞２０１７年2月18日）

「取引の場に同席して厳しく値切る」シャープに製造装置を納める取引業者の声だ（日本経済新聞２０１７年1月25日）。調達など各現場に鴻海社員を送ってにらみを利かせている。

私も、シャープのある取引業者から、シャープが従来のやり方とは全く違う、厳しい価格交渉を迫ってくるという話を耳にしたことがあった。

成長への転換点、反転攻勢に向けて競争力を高めよう（2017年1月23日）

２０１７年最初の社長メッセージで、会社が大きな転換点にさしかかり、反転攻勢に打って出ることをうたっている。

『シャープの競争力の源泉は独自の技術力にあり、これにさらに磨きをかけていくことが、長期的な成長を実現するうえで、極めて重要となります。

こうした観点から、「人」が中心のスマートな社会の実現に向けたIoT関連技術、OLEDに加えて、新たな未来を創造する「次世代ディスプレイ」、「8K Eco System」関連技術など、将来のシャープの核となる技術への開発投資を積極的に拡大していきます。』

経営危機から債務超過に陥った段階で、シャープは研究開発に投資することはもはや不可能であった。しかし、そこから復活を遂げたのは、鴻海から出資を得たからである。この転換点で、シャープの競争力の源泉は「独自の技術力」にあるとして、将来のシャープの核となる技術に、開発投資を拡大した。その技術は、ＩｏＴ関連技術、ＯＬＥＤ（有機ＥＬ）、「次世代ディスプレイ」、「8K Eco System」関連などである。

その開発投資が、一つは２０１８年10月16日～19日に「CEATEC JAPAN 2018」で展示されたシャープ製有機ＥＬを用いた世界最軽量のスマホ開発に結びついた。シャープ調べでは、画面サイズ６インチ以上で電池容量が３０００ｍＡｈを超える（公称値）スマホで世界最軽量（約１４６グラム）とのことである。この世界最軽量の独自技術は、明らかに開発投資によって手に入れた成果である。

従来は、サムソンがスマホ用有機ＥＬパネルをほぼ独占しており、日本企業はサムスンから購入してスマホに組み込むしかなかったが、そこに大きな変革をもたらした功績は計り知れない。

社員のこの一年間の頑張りへの感謝と共に、三つの基本ポリシーに立ち返ることが述べられた。

『誠意と創意に立ち返る〝Be Original.〟、全社員の結束を示す〝One SHARP〟、当社の行動規範である〝正々堂々の経営〟、この3つの基本ポリシーに立ち返り、自らの仕事を見つめ直し、新年度を迎えましょう。』

この様に、三つの基本ポリシーに整理され明確にされた。

誠意と創意に立ち返る〝Be Original.〟

全社員の結束を示す〝One SHARP〟

当社の行動規範である〝正々堂々の経営〟

先にも述べたが、クーゼスとボスナーは、「リーダーシップ」では、フォロワーと「共通の価値観を確立する」ことが重要で、この三つの基本ポリシーは、従業員と「共通の価値観を確立する」ことに効果的である。

中期経営計画の必達(2017年6月9日)

『2017~2019年度中期経営計画説明会を開催し、メディア及びアナリストの方々にご出席いただきしました。(中略)
「8KとAIoTで世界を変える」を事業方針に掲げ、2017年度は、大幅な売上拡大と年間での黒字化、そして、2019年度には、売上高、利益共に、過去最高に迫る業績を成し遂げ、再び、シャープをグローバル市場で輝かせたいと考えています。』

メディアおよびアナリスト向けに、2017~2019年度中期経営計画を説明した。公式な復活のシナリオを明確にした。

株主様との約束、東証一部への早期復帰(2017年7月7日)

6月20日に、堺本社で、第123期定時株主総会を開催した。その後、日本では非常に珍しい試みである経営説明会を開催した。

『6月30日に、東証一部再指定の申請を行いました。』
(中略)
『「世の中は常に動いており、古いやり方、現在の方法が一番いいと信じているところに進歩はない」、これは早川創業者の著書『私の考え方』の一節です。私もまさにその通りと考えており、進歩するためには、常に新しい技術や知識を身につけることが大切です。(中略)このような〝学び続ける企業風土〟を共に創っていきましょう』

12月7日に、シャープの株式が東証二部から一部に市場変更された。二部に転落後1年4か月でのスピード復帰だ。その記者会見で、戴社長は次のように述べた。「次期社長を育成するため共同CEO(最高経営責任者)を社内外から選ぶ。すぐ検討したい」

この東証一部復帰を記念して、12月14日に金一封として国内勤務の社員に、現金2万円に加えて自社の電子商取引サイトで使用できるクーポンを配布した。

更に、早川徳次氏の「創業の精神」を受け継ぎ、〝学び続ける企業風土〟を共に創っていく決意が述べられている。

社員意識調査（２０１７年８月10日、２０１８年４月６日）

社長室から社員の意識調査が二回行われ、結果概要が報告されている。

社長室が行うことで結果にバイアスがかかる可能性があるが、バイアスを考慮して評価することにより有用なデータである。

『社長室から、社員の皆さんを対象に20項目のアンケート調査を実施し１１，０００人以上の方から回答をいただきました。アンケートの結果は、この１年間で、皆さんの〝会社に対する見方〟〝一人ひとりの意識〟が大幅に改善しているという内容でした。これは、私の経営に対して、皆さんが理解し、そして評価してくれているということであり、心から感謝申し上げます。

〝会社に対する見方〟では、「目指す姿の提示」「経営のスピード」「事業展開の積極性」「社会からの評価」の項目で、〝一人ひとりの意識〟では、「コスト意識」「仕事のスピード」「チャレンジする意欲」「家族や友人の不安解消」の項目で、１年前と比較して良くなったという意見が非常に多く見られました。（中略）

一方で、ネガティブな意見が最も多かった項目が「信賞必罰の人事制度に対する納得度」です。全体の約15％の方が「納得していない」と回答し、その理由の多くは、「厳しい」あるいは「評価の公平性、納得性を高めてほしい」という意見でした。』（２０１７年８月10日）

『（２０１８年）３月５日から３日間に亘って、社長室から、社員の皆さんを対象とした「中期経営計画２年目に向けた従業員意識調査」を実施し、約１２，０００人の方に回答いただきました。

アンケートの集計結果によると、皆さんの意識は全体的に向上傾向にあり、一先ず安心できる結果となりました。項目別に見ると、〝個人のマインド〟では、「スピード感」「積極性」「コミュニケーション」「変革や改善の意識」の４つの項目で高水準となっていますが、一方で「自己啓発」は低水準となっています。

また、〝職場の取り組み〟では、「計画達成の執念」は高水準にありますが。「社内の連携」「新たな取り組みの実践」「人材育成」の３つの項目が低水準となっています』

社員の意識調査を行うこと自体は、一方的なトップダウン型のマネジメントでは、考えにくい。ボトムアップ型のマネジメントによるリーダーシップを示している。

これらのアンケート結果からは、〝会社に対する見方〟は、以前と比較し、1年目、2年目と改善していることを示している。

この傾向に**『心から感謝申し上げます』**、**『一先ず安心できる結果となりました』**という戴社長のメッセージもその「人柄」を表している。ボトムアップ型のマネジメントである。

一方、「信賞必罰の人事制度」に、全体の約15％の社員が「納得していない」と言える。このようなネガティブな情報を隠すのではなく、社員に知らせるのも、社員からの「信頼感」を得るのに寄与すると考えられる。

そもそも日本の「人事制度」は、「日本的経営」の根幹をなす。

エズラ・F・ヴォーゲルは、著書『ジャパン・アズ・ナンバーワン』で、日本的経営方法の特色として、長期計画、終身雇用制、年功序列制、従業員の会社への忠誠心などを挙げている。これらは相互に関係しており、切り離して考えることはできない。日本の企業は目先の利益よりもむしろ長期的な利益を重視する。この長期計画は、終身雇用制があり、長期に雇用が約束されているから、立てられるのだ。過度の競争を避ける年功序列制も、若年期の損失を中高年期で埋め合わせられる終身雇用制があるから成り立つ。従業員の会社への忠誠心も、終身雇用制があるから醸成できる。

筆者自身のことを言えば、私はほぼ「終身雇用制度」を活用した。「ほぼ」と言うのは、定年の1年半前に大学に移ったためである。しかし、国家プロジェクト「サンシャイン計画」の下で行った、シャープでの太陽電池の研究で、大阪大学から工学博士号を頂いた。また、3年間の米国勤務も経験した。それらが、大学での研究・教育につながっている。つまり私は十分過ぎるくらいに「終身雇用制度」の恩恵に浴してきたのである。

私が勤務していた時のシャープ人事制度は、研究職等の業務の種類に基づいて給与が決まる「職務給」、組織貢献と個人目標の達成度で評価を行う「目標管理制度」、係長・課長・部長として管理を行う「管理職」と研究開発等の専門性を重視した「専門職」の二つのキャリアパス、等の組み合わせであった。

「信賞必罰の人事制度」と最も関係が深いのが「目標管理制度」である。シャープの「目標管理制度」では、特許の出願数等の定量目標と、定性目標を組合せて目標を記し、上司とコミニュケーションする。結果としての評価について、上司から十分にフィードバックされないのが問題であった。

米国のシャープ・アメリカ研究所勤務時にも「目標管理制度」があったが、日本と全く異なっていた。私は液晶研究部門のトップであった。年初に、今後1年間の仕事内容を書いたジョブ・ディスクリプションという「職務記述書」について話をし、合意すればサインする。日本と異なるのは、1年間の成果について、私の評価を部下と話をして、合意を得られれば双方がサインをする。評価に合意が得られなければ、私を飛ばして上司に評価の相談が行く。このように、評価結果について、従業員に合意を得てサインをもらわなければならない。この様な、厳しい「目標管理」を日本で行っている企業は少ないのではないか。

シャープの日本式「目標管理制度」に慣れていたから、「信賞必罰の人事制度」に、全体の約15%の方が「納得していない」ことになったと考えられる。

従来のシャープの「目標管理制度」から改善し、「人事制度」の根本である、「だれが、何を物差しに評価するか」、「評価結果にどのように納得を得るか」等を明確にすることが重要である。まさに「評価の公平性、納得性を高めてほしい」という従業員の要望が挙がっている。現在、シャープで様々な人事制度の改革が行われている。これは、従来の「日本的経営」に〝トランスフォーメーション（転換）〟を迫る鴻海流のマネジメントである。

第3章

戴社長の鴻海流「日本型リーダーシップ」

「強欲」日産ゴーン元会長と「清貧」シャープ戴社長

シャープの戴社長と日産カルロス・ゴーン元会長とは、海外から来た日本企業の「再建請負人」であり、共に経営危機に陥った企業をV字回復させた実績を持つ功労者だ。

二人は同じ「コストカッター」とは言え、性格も違うし報酬も全く違うことは既に述べた。その性格の違いが、２０１８年11月19日のカルロス・ゴーン元日産会長の逮捕に結びついたのである。

しかし「人柄」は、個人の個性であり資質に属するものである。

そこでもっと一般化が可能で、実践に活かせる経営学のアプローチとして、企業再建のための「経営戦略」を比較分析する。このため、「役員報酬制度」と「リーダーシップ」の二つに焦点をあてて比較分析することによって、企業再建のための「経営戦略」に迫ることにする。

判りやすいよう予めシャープ戴社長と日産ゴーン元会長の企業再建のための「経営戦略」の比較を、表３－１にまとめ、その詳細を述べていく。

表3－1　シャープ戴社長と日産ゴーン元会長の「経営戦略」比較

		戴 正呉	カルロス・ゴーン
再建企業		シャープ株式会社	日産自動車株式会社
役職		代表取締役会長兼社長 兼任 アセアン代表、中国代表	元会長・代表取締役
他社役職		鴻海精密工業　董事代表人 鴻海科技集團 副總裁	ルノー元会長 三菱自動車元会長
出身元		鴻海精密工業（台湾）	ルノー株式会社（フランス）
異動時期		2016年8月13日	1999年6月25日
異動人数		1人	30人
出資関係		鴻海グループ　約66%	ルノーグループ　43.4%
有利子負債		2015年度　9742億円	1999年　約2兆円
営業利益	会計年度	2015年度　△1619億円	1998年　151億円
		2016年度　624億円	1999年　825億円
		2017年度　901億円	2000年　2903億円
V字回復		2018年3月期：2007年度以来10年ぶり全四半期黒字	2002年3月期：営業利益率4.5% 有利子負債7000億円以下
経営手法	類似点	コストカット	コストカット
	相違点	社長室	「日産リバイバルプラン（NRP）」
		スピード経営	クロスファンクショナルチーム（CFT）
			V-upプログラム（課題設定型）
		信賞必罰	コミットメント経営
基本スローガン		“Be Original.”	“The power comes from inside”
		“One SHARP”	購買コスト20%削減
		“正々堂々の経営”	負債半減
次フェーズ		2017～2019年度中期計画	日産180
人柄		清　貧	強　欲

（著者作成）※（注）会計年度は、4月1日から3月31日まで

日産ゴーン元会長の功罪と高額報酬

まずは日産カルロス・ゴーン氏の功罪について整理しておく。

カルロス・ゴーン氏は、世界最大のエレクトロニクス展示会である「CES2017」(Consumer Electronics Show 2017) で基調講演を行い絶頂期にあった。そのとき私は、自動車の電動化を調査するため参加していたが、基調講演は超満員で2階席しか席が取れなかった

そこでゴーン氏は日産の指針である「ニッサン・インテリジェント・モビリティ」の活動の成果を発表した。「ニッサン・インテリジェント・モビリティ」により、「ゼロ・エミッション (ゼロ排出)」、「ゼロ死亡事故」の達成を最終目標とする。

また、ルノー・日産アライアンスは、先進的なコネクテッド・カーの開発と実用化を加速させると発表した。コネクテッド・カーとは、インターネットにつながり、多くの情報をやり取りできる自動車のことだ。

ルノー・日産アライアンスが、次世代自動車の研究開発に重要な役割を果たすことを宣言したのだ。

しかし、それから2年も経たない内に、ゴーン氏が逮捕され、ルノー・日産アライアンスに暗雲が垂れ込めている。

ゴーン氏は1978年、タイヤ世界大手のフランスのミシュランに入社。その功績が認められ、1996年にフランスのルノーにスカウトされて移籍後、副社長として工場再編などリストラを行った。

日産の塙義一社長（当時）が、ルノーでのコスト削減の実績から、「コストカッター」の異名を取っていたゴーン氏を、「再建請負人」として招請した。

そこでゴーン氏は1999年6月25日、フランスのルノーから30人のスタッフと共に日産に異動した。

そして、日産赴任直後の1999年10月に発表した「日産リバイバルプラン（NRP）」を実行し、数字目標にこだわる「コミットメント（公約）経営」を徹底した。このNRPで、クロスファンクショナルチーム（CFT）と呼ばれる、開発、生産、購買、営業等の部門横断的なチームが結成された。そして「事業の発展」等の課題に沿ってチームが構成された。もう一つの原動力が、V-up（ヴィアップ）だ。Vはバリューであり、価値向上プログラムだ。

ゴーン氏は「コストカッター」の本領を発揮して、聖域なき改革を断行。その結果、有利子負債が2兆円を超え経営危機に陥っていた日産の立て直しに成功した。それによってゴーン氏の再建手腕に対し、産業界の内外から高い評価が寄せられることとなった。

ゴーン氏と戴社長の経営手法が類似しているのは、コスカットが企業再建に最も早く効果をもたらすことを、両者が知り抜いているからだ。二人とも聖域なき改革を行っている。

二人の経営手法の類似点は、「コストカット」以外にもう一つある。ゴーン氏の「コミットメント経営」と戴社長の「信賞必罰」である。アプローチの仕方に違いはあれ、どちらも「目標管理」の手法と言える。

ゴーン氏は、2005年にルノーの会長兼CEOにも就任した。このころから「コミットメント経営」は3回続けて未達に終わり、2011年度からは「コミットメント経営」を掲げなくなった。この頃から国内事業よりも海外事業を優先し、国内市場への新型車の投入数を大きく減少させた。その結果、2005年頃から日産の国内販売シェアは低下傾向にあり、2017年度には5位に低迷した。

そして、2018年11月19日の逮捕に至った。

この逮捕理由は、日産自動車の西川廣人社長は次の三つと説明している。
① ゴーン会長の報酬を有価証券報告書に実際より少ない金額で記載していたこと
② 私的な目的で「投資資金」を支出したこと

③ 私的な目的で「会社の経費」を支出したこと

これらの不正の内容が判ってきた。

有価証券報告書には年間約10億円の報酬を得ていたと記載されていたが、実際にはこれの約2倍の高額報酬を得ており、2015年3月期までの5年間で約50億円を過小申告していたという。また、株価が上がるとそれに貢献したとして報酬を受け取る権利である「株価連動報酬」約40億円を付与されながら記載していなかった。この記載義務があったのかが、東京地検とゴーン元会長側の攻防となっている。

また、私的な目的で「投資資金」を支出している。「投資資金」を装って、ブラジルやレバノン、そしてパリやオランダ・アムステルダムに、住宅の無償提供を受けていた疑いがある。更に、私的な目的で「会社の経費」を支出した。数千万円の家族旅行代金、ヨットクラブの会員費600万円余り、姉と実体のないコンサルタント契約を結び報酬を払っていた、等である。

以上が、ゴーン氏の日産の再建に大きな功績があったが、ルノー社長を兼任すると日産の「コミットメント経営」失敗と共に私物化するというのが、功罪の概要である。

問題となっている「役員報酬」について、有価証券報告書に記載されている額から、ゴーン

表3－2　ゴーン氏と、ゴーン氏と社外取締役を除いた日産役員の平均報酬

	ゴーン報酬	役員平均報酬（ゴーン,社外取締役除く）
2010年度	9億8200万円	1億2671万円
2011年度	9億8700万円	1億2785万円
2012年度	9億8800万円	1億0675万円
2013年度	9億9500万円	1億0128万円
2014年度	10億3500万円	6666万円
2015年度	10億7100万円	7150万円
2016年度	10億9800万円	1億2142万円
2017年度	7億3500万円	1億3128万円

（出展：有価証券報告書の記載額。NHK「衝撃ゴーン前会長逮捕」を参照し著者作成）

氏と、ゴーン氏と社外取締役を除いた役員の平均報酬を比較すると、表3－2のようになる。

ゴーン氏の報酬と、ゴーン氏と社外取締役を除いた役員の平均報酬に、10倍程度の差がある。

また、役員報酬の総額は株主総会の承認が必要だが、ゴーン氏にその配分を決定する権限があった。このことが、今回の問題を引き起こしている。米国の上場企業は「報酬委員会」の設置が義務付けられているが、日産にはなかった。

私の個人的な気持ちとしては、有価証券報告書に記載された金額約10億円でも超高額報酬である。だのに、なぜにそれ以上の報酬や「会社の経費」の流用、高級住宅の無償提供を求めるのか？　判らない。なぜこうも「強欲」になれるのか？　信じられないといったところが正直な感想である。

日本型と西洋型「役員報酬制度」の違い

ゴーン元会長の逮捕をうけ、「役員報酬制度」に高額批判が出ている。これは、日本と西洋に「役員報酬制度」の考え方に違いがあることに起因している。

日本の「役員報酬制度」の現状を理解するために、２０１７年度の日本の上場企業の役員報酬ランキングを、東京商工リサーチのデータを基に表３－３に示す。

まずわかることは、15人中7人が外国籍の役員と約半数を占めている。カルロス・ゴーン氏は、日産の会長を退任したために７３５百万円となっている。しかし、三菱自動車工業（株）から、基本報酬１８０百万円とストックオプション47百万円の合計２２７百万円を得ている。つまり９６２百万円とその前とそれほど変わっていない。

なお、トヨタ自動車の豊田章男社長は、３８０百万円で第39位である。トヨタ自動車では、１９９８年にルノーからトヨタに引き抜かれ、現在取締役・副社長であるディディエ・ルロワ氏が、豊田社長の約3倍の1、０２６百万円の報酬を貰っている。

1位の平井一夫氏は、２０１２年の社長就任時から株価を6倍にし、高額報酬2、７１３百万円を得ている。ただし社長退任に伴って発生した株式退職金1、１８２百万円を含んでお

表3－3　日本の上場企業の2017年度役員報酬ランキング

順位	氏名	会社名	報酬（百万円）
1	平井一夫	ソニー	2,713
2	ロナルド・フィッシャー	ソフトバンクグループ	2,015
3	マルセロ・クラウレ	ソフトバンクグループ	1,382
4	ラジーブ・ミスラ	ソフトバンクグループ	1,234
5	クリストフ・ウェバー	武田薬品工業	1,217
6	瀬戸欣哉	LIXILグループ	1,127
7	赤澤良太	扶桑化学工業	1,034
8	ディディエ・ルロワ	トヨタ自動車	1,026
9	吉田憲一郎	ソニー	898
10	宮内謙	ソフトバンクグループ	868
11	三津原博	日本調剤	820
12	カーティス・フリーズ	プロスペクト	770
13	河合利樹	東京エレクトロン	763
14	カルロス・ゴーン	日産自動車	735
15	金川千尋	信越化学工業	671

（出展：敬称略、東京商工リサーチ）

り、実質は1、531百万円である。

ソフトバンクグループから3名の外国籍と、1名の日本籍の役員が、ランキング15位以内に入っている。しかし、取締役会長の孫正義氏は入っていない。孫氏の報酬は137百万円である。孫氏は、大量に自社株を持ち、その配当だけで役員報酬を超える収入を得るため、高額の役員報酬を受け取る必要がないためだ。

これらのことからも、日本型と西洋型の「役員報酬制度」に違いがあることが判る。

日本型と西洋型の「役員報酬制

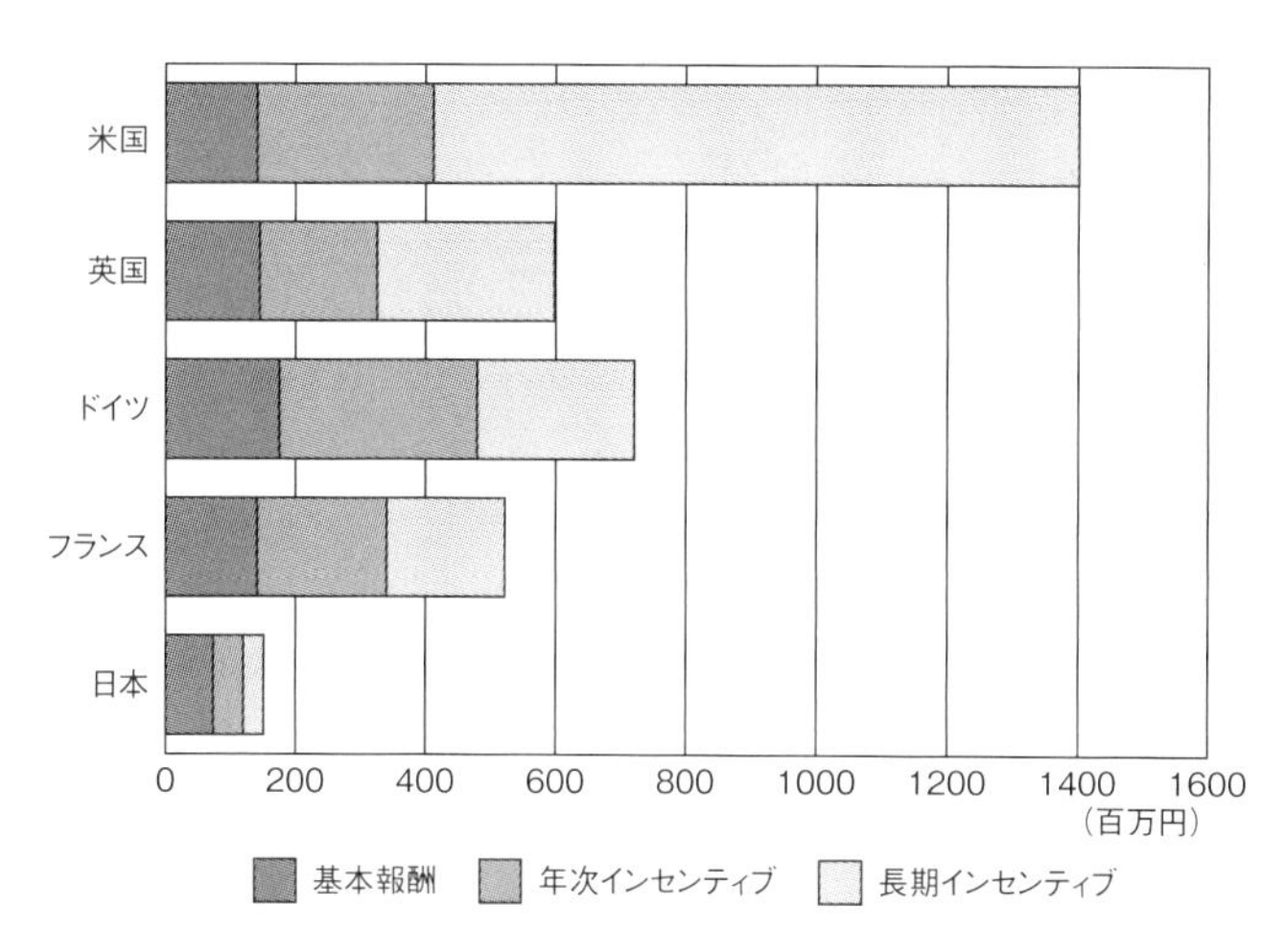

図3－1　日本、米国、欧州のCEOの2017年度報酬

（出展：ウイリス・タワーズワトソン）

度」を比較するため、日本、米国、欧州のCEOの2017年度報酬を、ウイリス・タワーズワトソンのデータを基に図3－1に示す。各国の売上高1兆円以上の企業の中央値を示している。中央値とは、データを小さい順に並べたとき中央に位置する値である。例えば、人口100人の集落で、90人が年収2000万円だとしても、10人が年収5000万円であれば平均年収は680万円となってしまい、実態と大きくかけ離れる。より実態を表すため、100人の中央に位置する50人目の年収200万円を中央値として採用するのだ。

合計報酬額は、1位の米国が1400百万円、英国600百万円、ドイツ720百万円、フランス530百万円に対して、日本は

150百万円である。このように、米国、欧州、日本に大きく分かれる。「基本報酬」よりも、業績や株価に連動する「インセンティブ報酬」が海外では高い。特に、米国では「長期インセンティブ」が990百万円で71%と、高い比率を占めているのが特徴である。

明らかに日本型と西洋型に「役員報酬制度」に違いがある。

そもそも、なぜ日本と西洋で「役員報酬制度」が異なるのか？

トヨタ自動車の事例では、社長である豊田章男の報酬よりも、取締役・副社長のディディエ・ルロワ氏のほうが3倍も上回っている。ルロワ氏は、ルノーでゴーン氏の右腕だった人物で、トヨタが三顧の礼で迎える際に、高額報酬を約束したものと考えられる。世界で戦うには、ライバル企業と競争して、優秀な人材を採用する必要がある。優秀な人材を獲得するためには、高額報酬の支払いが可能な「報酬制度」が必要だ。

これに対して、日本の状況は異なる。労働市場がオープンでないし、大企業では「終身雇用制」が実質的に生きている。この「終身雇用制」の中では、「年功序列」ではなくても、年齢と共に報酬が上がっていくのが一般的である。同一企業内で昇進し給料が上がる。その最高のポジションが社長と捉えられる。このため、従業員の賃金制度の延長線上に、経営者の報酬制度が位置付けられる。「終身雇用制」の中では、従業員の賃金制度と経営者の報酬制度に大きなギャップは存在しない。

一方米国では、労働市場がオープンで、転職によって報酬が上がる場合が多い。この様な状況では、優秀な人材を採用するには、高額報酬が出せる「役員報酬制度」が必要になる。

これが、日本と西洋の「役員報酬制度」が異なる理由である。

私が米国のシャープ・アメリカ研究所で3年間勤務していた際、役員ではないが社員の「報酬制度」で苦しんだ経験がある。

部下の米国籍の研究員の結婚が原因だった。結婚自体は喜ぶべきことだったが、新婚早々に奥さんが仕事の都合で東海岸、本人が西海岸と別居を余儀なくされる問題が発生した。非常に優秀な人材だったので、私はどうしても彼を引き留めておきたかった。しかし、日本の「報酬制度」が適用されるため、高額報酬を出せない。色々考えたが万策尽き、転職の申し出を覚悟した。しかし、結果的には思いもよらずベストな解決策が待っていた。奥さんが、西海岸の近くのダウンタウンで仕事を得て、東海岸からダウンタウンと研究所の中間のアパートに転居してくれたのだ。

なぜこのような結果となったかと考えてみると、高額報酬こそ出せなかったが、彼にとっては非常に快適な研究環境を提供することができていたことが好結果に結びついたのだと思う。300㎜角以上の本格的な液晶ディスプレイの研究施設を整えているのは、米国内ではシャープ・アメリカ研究所しかなかったのである。

つまり、役員だけでなく一社員であっても、米国で優秀な人材を採用・維持するには、「報酬制度」や「研究環境」等を含めた「インセンティブ制度」をきちんと整えておく必要があると実感した。

そもそも「リーダーシップ」とは何なのか？

「役員報酬制度」に焦点をあてて、日本型と西洋型を比較分析してきた。次に「リーダーシップ」に焦点をあてて比較分析する。

そもそも「リーダーシップ」とは何なのか？

「リーダーシップ」は、組織で働く誰もが関係している身近な問題だ。

経営学では「組織行動論」の中に、リーダーシップ（指導力）、モチベーション（仕事への動機づけ）、キャリア（仕事生活）、ネットワーキング（つながり）等の項目がある。この中で、「リーダーシップ」は、管理手法として重要である。

「リーダーシップ」の先行研究は、実践と理論を結びつける視点で整理されている（金井2005）。

「リーダーシップ論」には色々なアプローチがあるが、リーダーシップはリーダーとフォロワーの相互作用であるとして、フォロワーの視点からも研究されている。

クーゼスとボスナー（1995、2014）は、「リーダーシップ」とは人間関係でありサービスと捉えた。そして、「喜んでついてくる（willingly follow）」人達、つまりフォロワーの存在が重要であり、基礎としての「信頼感（credibility）」を見出した。そのために必要な、共通の価値観の確立等の「6つの規範」を提唱した。その「6つの規範」とは次の様に示される。

①　自らの本質を見極める
②　メンバーに感謝する
③　共通の価値観を確立する
④　能力を開発する
⑤　目的に仕える
⑥　希望を持ち続ける

本書での「リーダーシップ」は、フォロワーの存在が重要で、「信頼感」が基礎となるとの考え方で評価していく。つまり「6つの規範」で考えていくこととする。

戴社長とゴーン元会長の「リーダーシップ」の比較

戴社長とゴーン元会長の「リーダーシップ」に焦点をあてて比較分析していく。

２０１６年8月13日、鴻海精密工業から一人で異動してきた戴正呉社長の下で、最も変わったのが「スピード経営」である（日経産業新聞２０１７年2月14日）。

戴社長が最初に作った組織の「社長室」で指揮をとるが、一般的な日本企業のそれとは異なり、数十人は入れる広さの部屋に、机と大型の液晶モニターがずらりと並ぶ。戴社長の執務スペースはパーテーションで区切られた一画だけという。

社長室で頻繁に開かれるのが経営幹部による戦略会議である。鴻海の傘下に入る前のシャープでは、重要事項を討議する経営戦略会議は月に1~2回、定期的に開催されていた。しかし、経営戦略会議が事業部などの要請によって随時開かれるようになり、参加者が本社に来なくてもすむように、テレビ会議システムが頻繁に使われるようになった。参加者は紙の資料を見る代わりに、電子黒板を見ながら議論する。迅速化された意思決定により、これまでのシャープでは考えられない「スピード経営」で経営改革が進んだ。

その結果、シャープは、２０１５年度に１６１９億円の営業赤字であったが、２０１７年度には２００７年度以来10年ぶりの全四半期黒字を達成し、Ｖ字回復を成し遂げた。

その経営手法として初期には「コストカット」を用いている。

『**不平等な条件での契約、割高な価格条件や支払条件など、見直すべき項目が数多くあります**』として、戴社長は価格交渉を指示。その結果、シリコン材料の調達コストカットに成功し、太陽電池の採算が改善したことは既に述べた通りである。

基本スローガンとして、「Be Original.（誠意と創意）」、全社員の結束を示す「One SHARP（以和為貴）」、当社の行動規範である「Responsibility（有言実行）」と明確にしている。

シャープは、次フェーズとして、「２０１７〜２０１９年度中期計画」を打ち出しており、この戴社長の企業再建のための「経営経営」を、「リーダーシップ」の視点で考えてみたいと思う。

最も基本となる社員の「信頼感」は「有言実行」で得られるものであり、戴社長の信条そのものである。次に、「６つの規範」に沿って分析する。

２０１６年11月１日付の「社長メッセージ」で、戴社長は次のように述べている。

『**私は、シャープが黒字化し、成長軌道へと転じていくためには、社内に「創業の精神」を根付かせることが、一番の近道だと確信しています。**』

シャープの中で継承され徹底されている「創業の精神」を根付かせることにより、「６つの規範」の中で最も重要である従業員と「共通の価値観を確立する」ことができる。つまり、従業員から「信頼感」を得られ、「リーダーシップ」を発揮できるということだ

また、就任直後の2016年8月22日の「社長メッセージ」で、次のように述べている。

『**この出資は買収ではなく投資であり、シャープは引き続き独立した企業です。ですから、鴻海からシャープの組織の一員となるのは私一人としました。**』

さらに、シャープの社長としての短期的、中長期的な使命を述べると共に、三つの方針を挙げた。これは、最初に自分の信条を明らかにしており、「自らの本質を見極める」という規範を実行されている。

戴社長の「人柄」が「清貧」にあり、東芝の「再建請負人」土光敏夫氏と多くの共通点があることは既に指摘したが、ここに改めて『清貧と復興　土光敏夫100の言葉』という書籍から土光氏の言葉を引用しておく。

「社長の『大名旅行』はやめろ」「豪邸に住み派手な生活の人は信用できない」。

また、土光氏は「やってみせ、言ってきかせて、させてみせ」という連合艦隊司令長官、山本五十六元帥の言葉を好んだ。土光氏は「言ってきかせる」方法として社内報を作った。メールという方法は変わっているが、戴社長の「社長メッセージ」も同じ「言ってきかせる」方法である。

戴社長の価値観は昔からの日本人のそれと一致しており、これが戴社長の「リーダーシップ」の源泉と考えることができる。

次に、日産のゴーン元会長の企業再建のための「経営戦略」を、「リーダーシップ」の視点で考えてみる。ゴーン氏は、フランスのルノーから30人のチームで日産に乗り込んだ。戴社長が一人で異動したのとは異なる。

カルロス・ゴーン氏は、日本経済新聞に「私の履歴書」を書き、その内容を自分の著書『カルロス・ゴーン』として出版した。一部を引用しておく。

『(1999年6月25日株主総会での挨拶)「皆様、初めまして。カルロス・ゴーンです。私はルノーのためでなく、日産のためにきました」(中略)その頃にはルノーから幹部や管理職クラスが日本に到着しつつあった。』

このように、ルノーから日産へきた人数は記載されていなかった。しかし、この本の後ろについていた英語バージョンには〝――30 in all〟と記載されている。この英語バージョンのみに記載されている理由は判らないが、ルノーから日産へ30人がきたことは確かだ。

「日産リバイバルプラン(NRP)」を実行し、数字目標にこだわる「コミットメント(公約)経営」を徹底した。その結果、有利子負債が2兆円を超え経営危機に陥っていた日産を、立て直した。ゴーン氏は、再建手腕に高い評価を得た。

戴社長の鴻海流「日本型リーダーシップ」が復活の原動力

戴社長と面談して、その人柄に触れた時、非常に「日本的」だと感じた。この直感を、どのように伝えたらいいのか？　学術的にどう分析すればいいのか、と考えた結果、日本型と西洋型の「リーダーシップ」の視点から分析を加えることにした。

著名な経営学者で一橋大学名誉教授の野中郁次郎氏、および竹内弘高氏は、日本企業の連続的イノベーションの特徴は、「組織的知識創造」であると述べている（野中・竹内１９９６）。日本型イノベーションの神髄を世界に知らしめる名著である。これは、外部から取り込まれた知識は、組織内部で広く共有され、知識ベースに蓄積されて、新しい技術や新製品を開発するのに利用されることを言う。野中・竹内は、この「組織的知識創造」のスタイルを、日本型と西洋型に比較しまとめている（野中・竹内１９９６）。

日本型組織は「暗黙知志向」で「経験重視」、西洋型組織は「形式知志向」で「分析重視」と分析。「形式知」とは、言葉や文字、図表などで表現できる知識である。例えば、マクドナ

表3－4「リーダーシップ」のスタイル——日本型と西洋型の比較

	日本型リーダーシップ	西洋型リーダーシップ
知識の存在レベル	グループ中心	個人中心
知識志向	暗黙知志向	形式知志向
重視規範	経験重視	分析重視
報酬制度	従業員の賃金制度と連動した「日本型報酬制度」	高額報酬を得る「西洋型報酬制度」
統率アプローチ	フォロワーシップ型（ボトムアップ型）	リーダーシップ型（トップダウン型）
事例	戴正呉、土光敏夫	カルロス・ゴーン、平井一夫

（著者作成）

ルドは、文字や図表で書かれた「マニュアル」で従業員を指導する。「マニュアル」は「形式知」である。これに対して、「暗黙知」とは、言葉に表わし難い知識である。例えば、刀鍛冶には「マニュアル」は無い。師匠である刀鍛冶の技を見て盗むのである。

日本の企業では、多くの業務に「マニュアル」は無く、オン・ザ・ジョブ・トレーニング、つまり、先輩と一緒に実務を行って業務内容を覚えていく。これが日本企業の「暗黙知志向」の事例である。

この分析を参考に、「リーダーシップ」のスタイルを、表3－4に示すように、日本型と西洋型に分類して提案する。

戴社長の事例から、リーダーシップの特徴を抽出する。

まず単身一人で異動してきたこと。戦後の進駐軍のように、大挙してやってきて占領するといったイメージを排除している。また、「社長室」を設けているが、社長室とは言っても社長専用の部屋ではなく、「大部屋」であり大勢の人間が顔を合わせ、テレビ会議も活用されて、コミュニケーションがとられている。戴社長の執務スペースはパーテーションで区切られた一画だけとなっている。

シャープ液晶事業本部の立上げ時でも、ワンフロアの「大部屋」であり、トップもパーテーションで区切られた一画にいて、全く同じであった。

また、戴社長はインタビューの際、次のようなことを述べている。

「私は、コピー機以外の白物、スマホ等で経営経験があり、これらの経験を基に決裁書の判断もできます」

実際、300万円以上の投資に関しては戴社長の承認を必要とする体制に変更し、数千件以上の案件を決済されている。

これらのことより、ファイス・ツウ・フェイスのコミュニケーションを重視する「暗黙知志向」であり、自分の豊富な経験を活かした「経験重視」で対応しているものと考えられる。また、従業員の賃金制度と連動した「日本型報酬制度」を継承すると共に、その「役員報酬」さえも辞退している。

戴社長は、就任直後に「社長メッセージ」で、自分の信条を明らかにされている。「自らの本質を見極める」という規範を実行されている。

また、創業者の早川徳次氏を尊敬し、社内に「創業の精神」を根付かせることが、成長への一番の近道だとしている。フォロワーと「共通の価値観を確立する」ことが最も行い易いと考えられる。

更に、日本ではシャープの社員寮に住まわれる、2016~2017年度の報酬はゼロ、本社での株主総会等、戴社長の人柄を一言でいえば「清貧」だ。「創業の精神」の重視や「清貧」な人柄により、フォロワーと「共通の価値観を確立する」ことができている。つまり統率するアプローチは、フォロワーシップ型といえる。

こうした特徴を有したリーダーシップを「日本型リーダーシップ」と名付ける（表3－4）。

次に、ゴーン氏の事例から、リーダーシップの特徴を抽出する。

まず戴社長との違いは、再建すべき企業にチームとして乗り込んでいる点である。これは威圧感があり相手に自分たちが支配されるのだという警戒感を与えてしまうことになる。

このチームで乗り込むことは、採用する経営手法であるCFT（クロス・ファンクショナル・チーム）と関連する。CFTの場合、開発、生産、購買、営業といった部門横断的なチームが多数結成され、チーム毎に課題が与えられる。官僚的な縦割り組織を改善するのに非常に有効であるが、多数のチームが同時並行して活動するため、少人数の異動では対応できない。ここが戴社長自身が多数の案件を決済する経営手法とは異なる点である。

以上のようなことからCFTの経営手法は、「形式知志向」で「分析重視」であることが判る。野中・竹内（1996）の理論を基に説明すると、まだ言葉に表されていない「暗黙知」を明確にコンセプトにする「表出化」のプロセスと、コンセプトを組み合わせて一つの知識体系をつくりだす「連結化」のプロセスを重視した、「形式知志向」で「分析重視」のアプローチであると言える。

高額報酬が得られる「西洋型報酬制度」に基づき、統率するアプローチは、トップダウン型リーダーシップと言える。

こうした特徴を有したリーダーシップを「西洋型リーダーシップ」と名付ける（表3-4）。ゴーン氏はまさにその典型的な例であろう。

ゴーン氏の「人柄」は、一言でいえば「強欲」であり、それが今回の逮捕につながったわけだが、それはあくまで個人の個性であり、このスタイルの定義から除外した。

戴社長の場合は、「創業の精神」を改めて社内に根付かせるなど、伝統的な日本の価値観と重なるところが多く、これが社員から「信頼」を得られるリーダーシップにつながっている。しかしその一方で「信賞必罰」のように、従来の「日本的経営」に〝トランスフォーメーション（転換）〟を迫る鴻海流のマネジメントも並立していて、そこに戴社長のスタイルである鴻海流「日本型リーダーシップ」の特徴があり、それこそがシャープ復活の最も大きな原動力となったと言える。

第4章

株主総会で脱液晶を宣言

鴻海流「経費削減」と合理化精神

「もう液晶の会社ではない。ブランドの会社になる」

2018年6月20日、戴正呉社長はそう宣言した。凋落の元凶となった「堺工場」で開催された、シャープ株主総会でのことだ。

自身が長くシャープの株主であった私が、株主総会に参加してまず実感したのは、戴社長のあくなき「経費削減」と徹底した「合理化精神」の鴻海流の経営方針だった。

株主総会の会場となった本社は、「堺工場」の一角にある。

以前のシャープの株主総会は、旧大阪厚生年金会館、現在のオリックス劇場で開かれていた。それを会場費のかからない本社で行うというのも、戴社長の「経費削減」の経営方針が徹底されていることの表れである。

2009年から稼働を始めた堺工場（図1－1）は、第10世代と呼ばれる当時の最先端かつ世界最大規模の液晶工場と太陽電池工場を擁している。詳細は後述するが、この堺工場の建設のタイミングは間違っていなかったものの、巨大構想に基づいた過大投資により経営危機に陥った。

この敷地の一番奥に、太陽電池工場と本社がある。この本社の一角でシャープの株主総会が行われる。

私は株主総会に参加するために堺工場を訪れたが、工場内は自由に歩くことはできなかった。広大な敷地とセキュリティのためだ。株主専用のバスが最寄り駅から出ていて、これを使用する他ないのだ。

正門から太陽電池工場にある本社まではおよそ1キロ弱。バスに乗って本社前で降り、ようやく「定時株主総会会場」と書かれた会場に入った。

本社内を進むと、創業者早川徳治氏の銅像や経営信条等が目に入る（図1－2）。その前を通って、株主総会の会場である「多目的ホール」へと進む。

この日の進行は、正式な報告と決議を行う午前の「株主総会」と、午後から開かれる「経営説明会」の二本立てとなっている。

あっという間の「事業報告」と「議案説明」

午前10時。戴社長が議長となり、橋本仁宏社長室長を議長の補助者に指名して総会は始まった。

総会ではまず「監査報告」が監査委員会より簡潔に報告された。

驚いたのは、引き続き行われた「事業報告」と「議案」の説明の場面だ。パワーポイントの図表と、自動のナレーション機能であっという間に済まされてしまった。時計を見ると10時18分。スタートから20分も経っていない。

事業分野別の詳しい説明はなく、4月に発表した「2017年度決算概要」を見てくれと言わんばかりの徹底した「合理化精神」ぶりであった。

そこからは株主との質疑応答だ。ここでも「日本語限定、1人1件、2分以内」などの条件が付けられて始まった。

そこで飛び出したのが、冒頭に紹介した戴社長の「宣言」だ。

「私は今日宣言したい。将来はブランド会社になる。もう液晶の会社ではない。これが私のビジョンだ。液晶とエレクトロニクスデバイス等は、ブランドを支える武器です。だから、人材も急いで募集しないといけない。ソフトウエアやIT関連の人材を募集する。12月からNHKの8K放送が始まる。今までのシャープを技術拡大し、グローバル展開したい」

戴社長が示した明確なビジョンと力強い物言いに、株主たちは信頼を寄せたように感じられた。

一方、株主からは、復配とは言いながら、配当金が6年前と比べて5分の1になっているのに、取締役と監査役の報酬を上げることに反対する意見も出た。

これに対して戴社長は毅然と述べた。

「私は、昨年の報酬はゼロです。利益が出れば報酬を得る。『有言実行』です。本当は、私ももらいたくない。でも、会社の運営を正常化しないといけない。次になる社長は、給料をもらいます。給料をもらうのは当たり前だからです。2020年3月に私が辞めても、次の社長が報酬をもらえるように、報酬を受け取ります」

社員寮暮らしの戴社長

戴社長の「経費削減」は徹底している。株主総会は、本社「多目的ホール」で行っているし、垂幕も無く、飾りの花も無く、演台も低い。オリックス劇場と比較し、大幅に「経費削減」されている。また、再三述べたように戴社長自らが報酬ゼロで、日本での住まいはシャープの社員寮。風呂・トイレ共同の環境で生活している。

その中で、前期決算で702億円という4年ぶりの最終黒字という結果を出した。

その「有言実行」の戴社長に理路整然と説明されたら、株主は納得してしまう他ない。

結局、議案は全て賛成多数で可決された。この総会に要した時間は約1時間だった。総会にも無駄な時間は割かない、という意思が感じられた。

ＩｏＴと８Ｋが二本柱

午後からの「経営説明会」にも参加した。

戴社長の挨拶後、橋本氏が、２０１７年5月に発表した「中期経営計画」を基に概要を説明。

ここで強調されたのが、「８ＫとＡＩｏＴで世界を変える」のスローガンだった。「人に寄り添うＩｏＴ」と「８Ｋエコシステム」がこれからのシャープの二本柱になるという。

８Ｋは高精細の映像技術だが、「８Ｋエコシステム」として、放送・映像分野だけではなく、医療やセキュリティ分野への事業展開も進める。

「ＡＩｏＴ」は、ＡＩとＩｏＴを組み合わせたシャープによる造語だ。ロボット型スマートフォン「ロボホン」や音声設定が可能なウォーターオーブン「ヘルシオ」のように、ＡＩとＩｏＴを融合させた事業を、機器だけでなく、サービス、プラットフォームとして展開していくという。東芝ＰＣ事業の買収もこの戦略上のものだという説明だった。

その後、株主との質疑応答の時間が設けられた。

ここで私は、東芝のＰＣ事業の買収に関して質問する機会を得た。

東芝のＰＣ事業を買収する目的は、ＡＩｏＴ人材の確保がメインと説明されているが、ＰＣ事業はビジネスとしても重要ではないか。会社はＰＣビジネスをどう考えているのか？

シャープと鴻海は補完関係にあり、価値を生み出せるはずだ。だがここまでの説明に、シャープと鴻海が組んだ時に価値を生み出すという話が、全くなかった。シャープと鴻海の提携をどのように考えられているか？

この質問にＡＩｏＴ戦略推進室長で欧州代表も兼ねる石田佳久副社長が答えた。石田氏はソニーがＶＡＩＯの製造を鴻海に委託した時の責任者で、当時からの鴻海と付き合いがあった。ＬＧディスプレイの日本法人のコンサルタントを務めたこともある。

「東芝のＰＣ事業は、去年の実績で１６００億円強の売上があるので、買収すると経済的な効果がある。

補完関係に関しては、鴻海は、ノートＰＣも製造していたし、インフラも持っている。今後、コストダウンや物流、サービス等を含めた、色々な効果が出てくることを期待している。

ただ現状東芝ＰＣは生産工場も持っているし、特にＢ２Ｂのアフターサービスは収益源になっているので継続していきたい」

以上が石田氏の回答であった。

ＰＣ事業における鴻海との提携効果について、期待の表明はあったが、明確な方針は示されなかった。

株主総会で８Ｋとスマホの新戦略商品を展示

以前のオリックス劇場で行われていた株主総会では、商品展示は少数に限定されていた。しかし、本社で行うこともあってか、多くの最新商品が展示されていたのが特徴的だった。また、株主にシャープの最新商品を理解してもらうために多くの説明員が配置されていた。

その数ある商品の中から、放送が開始された８Ｋテレビと、新戦略スマホの事例を取り上げて説明する。

シャープは、高精細の８Ｋテレビの市場を自社主導で立ち上げようという野心的な成長戦略に挑んでいる。

８Ｋは、現在最も解像度の高いフルハイビジョンと比べ16倍の解像度、つまり画素数を持つ。４Kと比べても4倍の解像度である。日本では４K、８Kのテレビ放送が２０１８年12月1日から始まった。シャープは、それに先駆けて、世界初の８Kテレビを２０１７年10月に中国に投入、日本では12月に販売を開始した。

８Kテレビは、シャープが先陣を切り、他社が追従してきている状態だ。NHKが２０１８年12月1日に４Kおよび８K放送を開始したことにより、８K液晶テレビ市場が立ち上がってくることは間違いない。

高精細の８Kテレビは、大画面であればあるほどデジタルハイビジョンや４Kに対する画質の良さが際立つ。

鴻海が総額約1兆円を投じる10・5世代と呼ばれる大型液晶パネル工場が、２０１９年度には稼働する。８Kテレビを中国で生産し、コストダウンにより、中国市場を開拓しようとしているのだ。

スマホ市場でも、シャープは、従来の課題を解決し積極攻勢に出ている。

２０１０年代に入って急拡大した中国のスマホ市場に対してシャープは勝負に出た。復活を懸け、中国のスマホメーカー「小米科技（シャオミ）」に積極的な営業をかけ受注に成功、２０１４年3月期には3期ぶりに黒字を計上した。

この黒字を叩き出せたのは、シャオミが、同社のスマホ用液晶の約60%をシャープに大量発注したからである。

シャオミは、２００９年に初の製品を投入してからわずか４年間で世界シェア３位に躍り出た「勝ち組」だ。シャープがシャオミから大量受注できたのは、液晶技術とブランド力、そしてなによりシャオミとの「すり合わせ」によるスマホ生産が可能だったからだ。顧客の要求に合わせて特注品を作る能力に秀でていたのである。

ところが、期待していたシャオミからの受注は長く続かなかった。シャープとシャオミの間で、タッチパネル等を組み立てる台湾企業が経営破綻したことがきっかけだった。

この課題を解決するため、シャープはスマホで挽回する戦略を立てた。この新戦略スマホが、株主総会で展示されていたアクオスＲ２である。

説明員は、技術だけでなくＲ２戦略についても説明してくれた。その要点を図４－１に示す。

国内市場におけるスマホ用液晶の売り込み先は、スマホメーカーよりも、ＮＴＴドコモ、ＫＤＤＩ（ａｕ）、ソフトバンクといった通信キャリアである。シャープは、これらの通信キャリアの要望に沿うよう「すり合わせ」によって特注品を生産していた。

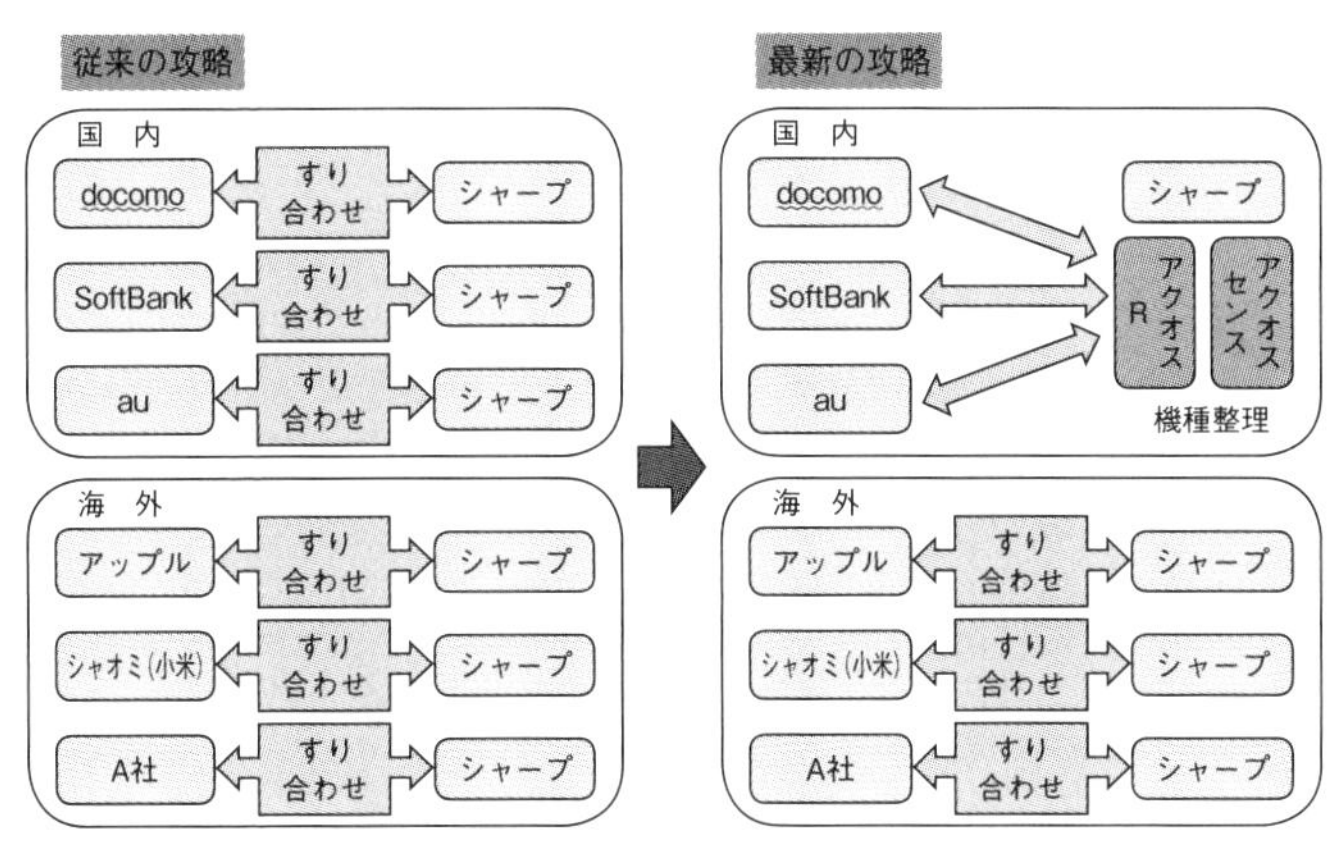

図4－1　シャープのアクオスR2の新戦略
（著者作成）

しかし、スマホメーカーやキャリアとの「すり合わせ」による特注品の生産は、多くの特注機種を開発・生産しなければならない上、彼らの販売状況に大きく業績が左右されるという課題があった。

この課題を解決するために、シャープはアクオスRからアクオスR2へと2つの段階を踏むことになった。

まずは、シャープは、独自の低消費電力技術「IGZO－TFT」を用いて、ハイエンドモデルの「アクオスR」と、低価格モデルの「アクオスセンス」の2機種に整理した。しかし、「アクオスセンス」が人気を呼び、国内メーカーでは珍しいSIMフリーモデル「ライト」も用意することになった。「アクオスセンス」は、3万円前後の価格帯ながら防水とオサイフケータイの機能が消費者に支持された。「有機ELを用いて高価格でiPhone Xを売る」

というアップルとは逆を行く戦略だったが、これが功を奏したのだった。
その結果、2017年度のシャープのスマホを含めた携帯電話端末の国内出荷台数は、前年比4割増しと大きく躍進、ソニーを上回り国内2位に浮上した。

また2017年は大胆な機種整理を行い、国内のキャリアに「同一機種、同一ブランド」で供給することを決定。これが「アクオスR2」である。シャープはこの「同一機種、同一ブランド」での供給という方針を、国内のキャリアから了解が得られるように説明に回った。各キャリアは他社と違う独自の特性、つまり差別化ができないので難色を示したが、最終的には全てのキャリアが了解した。それは、アップルがiPhoneという「同一機種、同一ブランド」をグローバルに展開している実績があるという外部環境が幸いし、この提案を後押ししたのである。

結果として、2018年夏モデルとして「アクオスR2」を投入した。「静止画用」と「動画用」2つのカメラを搭載しているのが大きな特徴だ。動画の撮影中に、静止画用カメラで静止画を撮ることも可能になる。SNSユーザーをターゲットとした機能だ。
シャープおよび鴻海は、顧客に左右されない、顧客依存度を低下させるビジネスモデルへの転換を目指している。

「アクオスR2」の戦略は、まだ国内市場に限られているが、それがグローバルな広がりを見せていくのか今後注目されるところである。

新しい戦略商品を株主総会で展示するのは、非常によいアイデアである。実際目にすることで株主は総会で示される方針・戦略の説明をより深く理解できるようになり、会社側にとっても株主を重視している姿勢を示すことができるからである。

第5章

なぜシャープは鴻海の傘下になったのか？

シャープが鴻海の傘下になった理由については、シャープが債務超過となり倒産の危機に陥ったためであることは本書冒頭で述べた通りである。

シャープは、液晶電卓を始め多くの液晶商品を世に送り出し、液晶産業を創造してきた。詳細は、私の前著『シャープ「企業敗戦」の深層』（イースト・プレス社、2016年）を参照していただきたい。

シャープが鴻海の傘下になった理由を理解していただくために、シャープの躍進と凋落の原因となった亀山工場と堺工場のポイントのみをまとめておく。

世界の「亀山モデル」の誕生

「亀山工場のテレビをください」

2004年当時、家電量販店では、客の多くが工場名を指名してシャープの薄型液晶テレビ「AQUOS（アクオス）」を購入した。

出荷するテレビの前面に「世界の亀山モデル」と書かれた大きなラベルをシャープは貼っていた。当時、日本で大型液晶パネルを生産できる工場はシャープの亀山工場しかなかった。このため、「亀山工場生産モデル」は、「メイド・イン・ジャパン」（＝日本製）を意味していた。

亀山工場の建設をシャープが発表したのは、２００２年2月14日である。

亀山工場の敷地は、東京ドームの約7倍の広さを持つ。この敷地内に、液晶パネルを生産する第1工場と、後に建設された第2工場、そして液晶モジュールと液晶テレビの組み立て工場がある。亀山工場の大きな特徴は、液晶パネル工場と液晶テレビ工場を同じ敷地内に建設したことである。これは、「液晶パネルの生産から液晶テレビの組み立てまで」を一貫して手がける「垂直統合型」ビジネスモデルである。

それまでは、液晶パネルを生産する工場とテレビを組み立てる工場が異なり、生産した液晶パネルを組み立て工場に運搬していた。しかし垂直統合型にすることで、運搬コストを下げるだけでなく、液晶パネルから液晶テレビまでの「付加価値」を全て自社に取り込める。

液晶パネルを自社で開発・生産することにより、鍵となる部品「キーデバイス」を、自社ブランド「ＡＱＵＯＳ」の製品に組み込む。これが「亀山モデル」の戦略だった。

自社で開発と生産を一気通貫することにより、技術流出も防止できる。シャープは、これを「ブラックボックス戦略」と呼んだ。

亀山工場の強さの根源「すり合わせ」

亀山工場で用いられたガラス基板は、第1工場が「第6世代」、第2工場が「第8世代」だ。ところで、「第○世代」と言うのは、液晶のガラス基板の大きさに幅を持たせた、あるグループを指す。つまり、ガラス基板には標準サイズがない。この標準サイズがないということは、「標準装置」がないことを意味する。

それは、標準装置を並べて、工場を設計・建設することができないということだ。シャープといえども、特注の装置や部材を製作してくれるメーカーの協力がなければ、工場建設どころか設計もできない。用いるガラス基板の大きさが決定できないからだ。企業間に強い依存関係があると言える。

では亀山工場は、どのように設計、建設され、生産を行ったのだろうか？

その鍵を握るのが「すり合わせ」である。私がシャープで担当していた、非晶質シリコンという膜をガラス基板上に形成する成膜装置を例にとって、「すり合わせ」がどういうものかを説明する（図5－1）。

液晶生産ラインに導入する成膜装置は、標準装置が無いため、装置メーカーと共につくり上

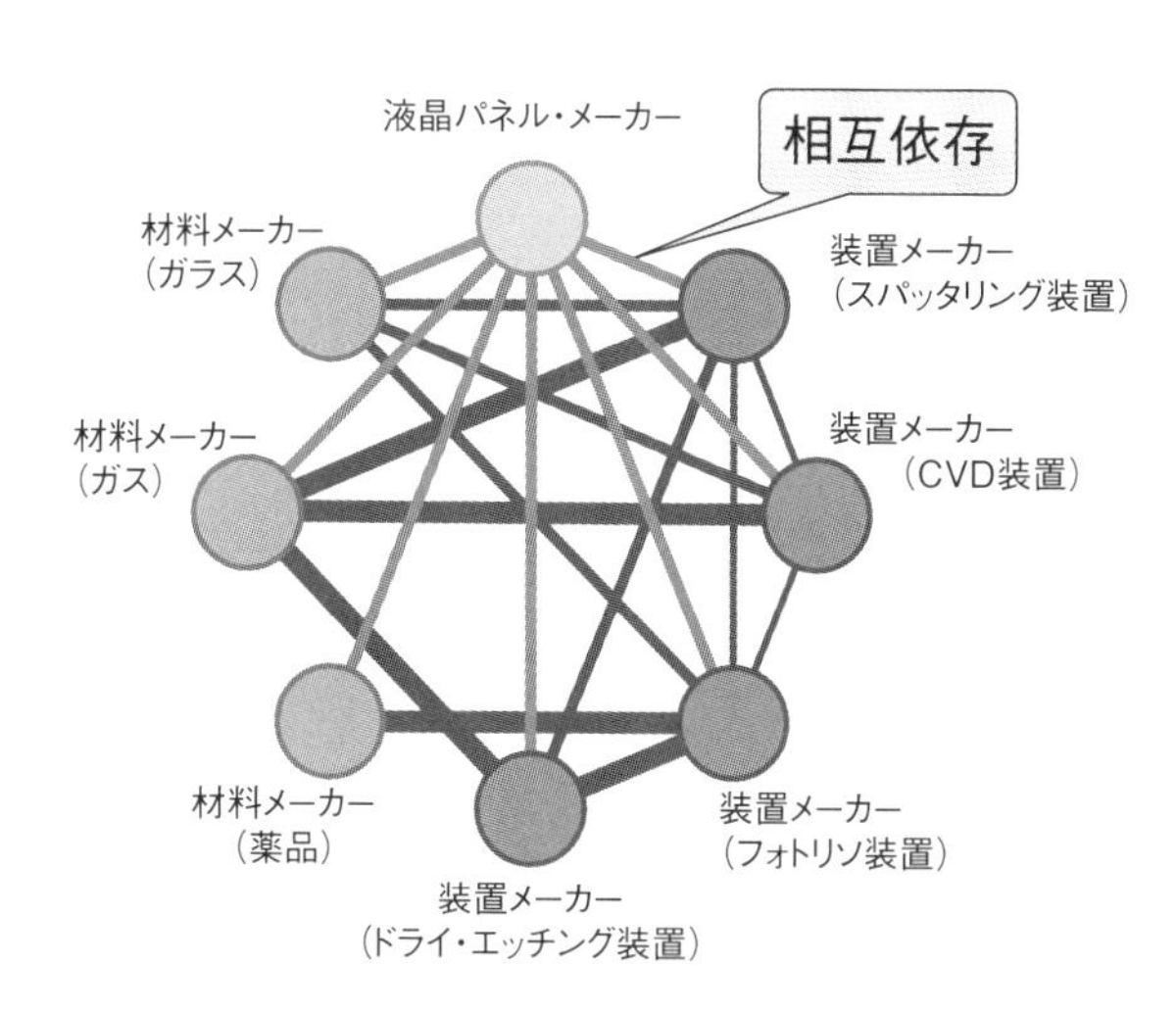

図5－1　液晶産業における液晶パネル・材料・装置メーカーの依存性
（著者作成）

げていく必要がある。装置メーカーと知識を共有して、相手の状況を読みながら、微調整を繰り返す。装置メーカーにある装置を使って、テスト試作を行うこともある。仕様を従来よりも大きく変更する場合は、量産機の元となる試作装置をつくる。この試作装置をシャープに設置しテストする。実際の生産装置と試作装置を併用して、液晶パネルを試作する。そうして、特性や生産性、良品率を評価し、試作装置を改善して生産装置につくり上げる。

シャープは、研究・開発の段階から、多くの装置メーカーや部材メーカーと「すり合わせ」を行って、新しい生産装置や部材をつくり上げてきた（図5－1）。

工場建設の前段階では、シャープは全ての

装置・部材メーカーから生産可能な最大のガラス基板サイズの情報を収集する。これらの情報を基に、工場で採用するガラス基板サイズを決定する。決定されたガラス基板サイズにしたがって、装置メーカーは装置の最終設計を行い、工場建設日程に合わせて生産導入の準備を行う。部材メーカーは生産工場の新設や増強を行い、工場建設日程に合わせて部材を安定供給できる体制を整える。

最も重要なのは液晶パネル工場に生産装置を設置し、全装置を連動して稼働させる段階である。投資額が大きいので、早期に工場を稼働させることが要求される。これを「垂直立ち上げ」と呼ぶ。シャープと多数の装置・部材メーカー間の「すり合わせ」は、この時期に最も多くなる。

「すり合わせ」という言葉を幾度も使ってきた。第12章で「モジュール」の概念と対比して詳述するが、誤解を招かないように、先に日本語の「すり合わせ」の言葉の意味を整理しておく。亀山工場の事例の企業間の様に、構成要素間の相互依存関係が強い場合、「すり合わせ」の必要性が高くなる。「すり合わせ」のプロセスは、「構成要素間の強い相互依存関係を紐解いて解を見出す」ことであり、具体的には「お互いの知識を共有し相手の状況を読みながら微調整を繰り返す」ことである。すり合わせできる「組織能力」を「すり合わせ能力」と言え、「きめの細やかな連携と調整能力」である。

こうしたシャープと多数の装置・部材メーカー間の「すり合わせ」が、亀山工場の強さの根源であったのだ。また、シャープは、多数の装置・部材メーカー間とのきめの細やかな連携と調整能力を持っており、高い「すり合わせ能力」を有していたと言える。

堺工場への過剰投資で凋落

シャープは、亀山工場の第6世代、第8世代での成功体験を基に、堺工場の第10世代の液晶生産ラインの建設に突き進んだ。

シャープが、この時期に第10世代の建設を行ったことを、液晶関係者で悪く言う人はいない。日本の液晶産業を発展させるためにも、投資は必要であったとの考え方である。

では、何が問題だったのか？

それは過剰投資である。鴻海の場合、後で述べるように、いかに投資額を抑えるかに非常に注力する。片やシャープの場合は、巨大構想をいかに実現するかに重きを置いたため、過剰投資をしてしまった。

いかにそれが「過剰」であったかデータを示そう。堺工場への初期投資額は、工場の全土地購入代金を含めて約３８００億円であった。亀山第１工場の初期投資額約１０００億円の約４倍、さらに４・５万枚／月までの増強費用を含んだ場合の合計１５００億円であった亀山第１工場と比べて２・５倍である。この投資金額は、導入する装置の価格によって影響され、ガラス基板の大きさ、つまり装置サイズと関連する。

そこで、ガラス基板面積当たりの投資額と、液晶生産ラインの稼働時期との関係を示したのが、前著にも書いたが、図５－２である。

例えば、ガラス基板面積が2倍になっても、装置価格は2倍にならない。装置の鉄やステンレスの材料費は、約2倍程度になるかもしれない。しかし、装置価格の大きな比率を占める開発費は2倍もかからない為である。

図５－２を見ると、ガラス基板面積当たりの投資額は、11年11か月で約10分の1と急激に減少していることがわかる。１９９４年の第2世代では、２９８７億円／平方メートル。それが２００６年の亀山第2工場の第8世代では、２８２億円／平方メートルになっている。

つまり、「２・５年で35％価格低下」している。年を経るごとにガラス基板面積当たりの投資額は、少なくなっている。これを「中田の法則」と名付ける。問題は堺工場のガラス基板面積当たりの投資額である。これは、「中田の法則」に照らし合わせると、投資額が大きすぎる。しかも、亀山第2工場のガラス基板面積当たりの投資額よりも増加しているのである。

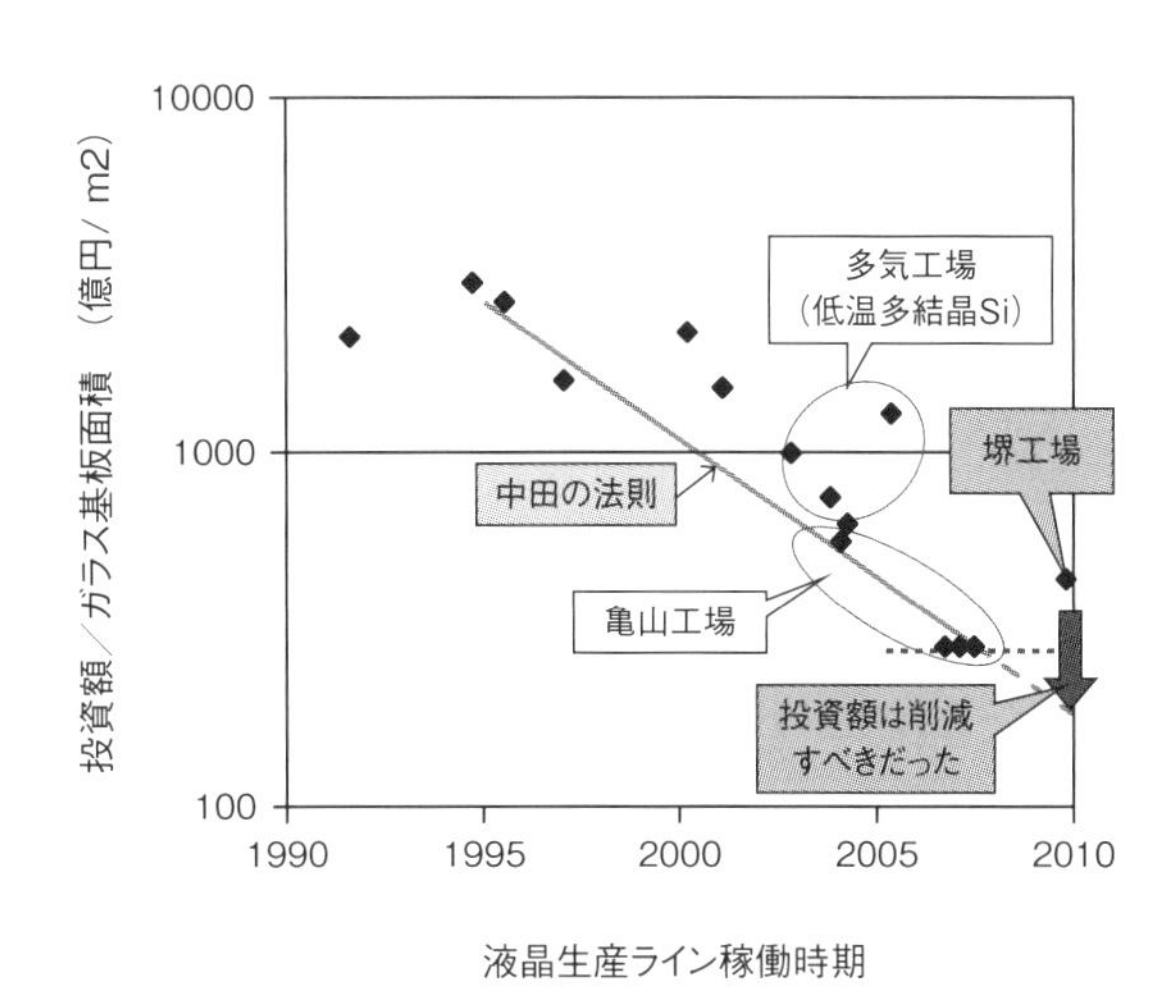

図5－2　シャープの液晶生産ラインの稼働時期とガラス基板面積当たりの投資額
（著者作成）

ガラス基板面積当たりの投資額は、亀山第2工場が282億円／平方メートル。これに対して堺工場は、437億円／平方メートルだから、約1・5倍も増加している。

過剰投資かどうか判断が難しいという人がいるが、この「中田の法則」が明確な判断基準だ。

過剰投資では、堺工場をフル稼働しなければ利益は出ない。少しでも生産ラインを休めれば、赤字になってしまうのである。

この堺工場への過剰投資が、シャープの命取りになった。

第2部 郭董事長の「規範破壊経営」とシャープへの恋

第6章 郭董事長の「規範破壊経営」

郭董事長の「経営理念」が決める鴻海の「組織文化」

私は、既に述べたようにシャープ株式会社に33年間も勤務し、創業者早川徳次氏の「まねしてくれる商品をつくれ」、つまり独創的な技術・商品の研究開発を肝に銘じてきた。このように、所属する組織は組織構成員のものの考え方や行動に影響を与える。「経営学」では、「組織文化（Organization Culture）」または「企業文化（Corporate Culture）」と言われている。

１９７０年代に日本企業が世界経済の表舞台で頭角を現すようになると、日本的経営に注目があつまり、多くの研究がなされた。結果、日本企業の「組織文化」が、企業の競争力の源泉と見なされるようになった。

戴社長の「日本型リーダーシップ」は、鴻海の「組織文化」に影響を受けている。そして鴻海の「組織文化」を構築したのが、鴻海精密工業の創業者で董事長である郭台銘氏である。つまり、郭董事長の「経営理念」は、鴻海の「組織文化」と共に、戴社長の「日本型リーダーシップ」へも影響を与えているのだ。

「経営理念」とは、企業の創業者や経営者が示す、企業の経営や活動に関する基本的な「考え方」、「価値観」、「思い」、そして「企業の存在意義」を指す。

郭台銘氏の創業と「鴻海精密工業」への発展

まずは、郭台銘氏の創業と発展の発展過程の概要を述べる。

郭氏は、2人の友人と共に「鴻海プラスチック工業有限公司」を1974年2月に設立した。従業員は15人で、白黒テレビの選局つまみをプラスチック成型していた（安田峰敏『野心郭台銘伝』プレジデント社2016、朝元照雄『台湾の企業戦略』勁草書房2014）。

しかし、プラスチック成型部品の品質を左右する「金型」への不満から、1977年に自社の金型工場をつくることとし「積極投資」した。結果として、この「積極投資」の決断が、成功につながっていく。

テレビやラジオなどが成熟製品となったため、市場調査のあと、パソコンのコネクターに着目し、1982年に社名を「鴻海精密工業」に変更した。

更に、1985年にアメリカ支社を設け、「Foxconn（フォックスコン）」の自社ブランドを持つようになった。

1986年に、郭董事長は、後にシャープ社長になる戴正呉氏を、家電王手・大同からスカウトに成功している。日本の技術に関心は高く、1986年には、「対日作業小委員会」を設置し、日本人顧問を招聘している。

中川威雄氏が語る郭台銘氏と鴻海発展過程

その後、「鴻海精密工業」はどのように発展していったのか？

2016年5月13日、私は鴻海特別顧問でファインテック㈱社長である中川威雄氏に面談する機会を得た。中川氏は郭董事長を最もよく知り、郭董事長が最も信頼する日本人である。また、東京大学の名誉教授であり、機械加工の世界的権威者である。2007年に、ものづくり技術開発者に与えられる米国のアメリカ機械学会（ASME）の最高賞を受賞している。シャープに関する私のコメントがテレビ放送された時、同じ番組でコメントされていたのが中川威雄氏だった。そこで直ぐに面談したい旨のメールを送ると、是非意見交換したいとの返事があり、面談が実現した。

不思議なことに、訪問した当日の朝刊に、中川氏のシャープ取締役就任を報ずる記事が載っていた。中川氏に寄せる郭董事長の信頼の厚さが見て取れたような気がした。

互いに初対面の挨拶を交わし、シャープの取締役就任へのお祝いを述べた後、郭董事長との関係と鴻海の発展過程について聞いた。

「私が鴻海の郭台銘（テリー・ゴウ）董事長と最初に出会ったのは、１９８８年にシンガポールで行われた第2回金型国際会議の席でした。郭董事長は台湾金型工業会の会長として参加されていましたが、夕食を一緒にしないかと強引に誘われ、その席では自社への訪問を要請されただけでした。

当時台湾の高雄市にあった国立の金属加工研究所に、毎年1回指導に行っていましたので、そのついでに郭董事長の鴻海精密を訪問したのですが、当時は従業員２４０人程で、普通の射出成形屋さんでした。その後、台湾訪問時に何度かお会いしており、１９９１年の台北市での第3回目の金型国際会議を郭董事長が責任者で行ってくれました。そのころ、中国に進出しようとしていたことは後で知りました。

その後、私が東京大学を60歳で定年となったのを機に、１９９９年4月から鴻海の技術顧問となりました。その時、いくつかの日本企業の顧問も引き受けておりました」

郭董事長は、必要な人材を確保するには、あらゆる手段をとって時間をかけてでも実行する。郭董事長は、後にシャープ社長になる戴正呉氏も、１９８６年に家電王手・大同からスカウトに成功している。

「顧問に就任して鴻海の中国深圳工場を初めて訪問したのですが、びっくりしましたね。『えっ、あんな町工場がこんなに大きな工場になるのか』と。

深圳工場の一部ですけれど、すごく大きいんです。そこだけで2000～3000人が働いており、崑山にも工場があり、売上約2000億円に発展しているのに驚かせられました。顧問となって最初に中国深圳工場で郭董事長に会った時、質問がありました。『何をやったらいいのか』と、聞かれたので、当時日本で話題となっていたノートパソコンのケースを軽くするための、マグネシウム筐体のダイカストを提案しました。中国には、人件費が安く、仕上げに人手を要する仕事が向いていると思ったからです。『じゃあやろう』と、10分も話をしない間に、即断即決です。その後、ダイカスト工場は、世界最大規模の工場となり、日本から殆どの工場が消えることになりました。この時郭董事長の凄さを見た気がしました。即断即決には驚かされましたし、顧問としての自分の発言に重い責任を感じました」

――技術顧問だけでなく、創業もされましたね。

「その後間もなく、2000年10月に、郭董事長から日本に技術開発会社の創業の話が持ち込まれました。光通信のコネクターを扱う話で、こちらは自信がない分野で渋っていました。すると、郭董事長の勘違いで出資金額が跳ね上がり続け、最終的に100億円も投資する話となってしまいました」

郭董事長は、必要とあれば、100億円の投資も、「スピード重視」で「即断即決」する。

「その後、ファインテック社を立ち上げましたが事業を本格的に始める前に、幸い（?）にも光通信バブルがはじけ、大きな恥をかかずに済みました。しかし、その後、携帯電話のレンズモジュールの生産にも挑戦しましたがうまくはゆきませんでした」

――その後、どのようにされましたか?

「結局、新事業への挑戦はいったん止めて、鴻海のものづくり技術開発を支援することに方針変更しました。携帯電話の後にスマホが現れ、アップル社は、独自のデザインを優先し、スマホのケースを金属製の高級感あふれるものにしました。このため、一台ずつ切削加工をして、また磨きを行わざるを得なくなりました。鴻海は、それに対応してなんとか力づくでクリアしてしまいました。切削加工は、金型を使った成形のようには能率は良くないのですが、今は1日100万個を生産しています。何万台もの工作機械を夜中まで無人で動かしているのは驚きです。これだけの投資をすばやく決断して実行できることに鴻海の凄さがあると思います」

この話は、郭董事長の「経営理念」の本質を表している。

通常は、スマホのケースは、安価にするため、プラスチック材料で「射出成型」という方法で作成する。「射出成型」とは、原料のプラスチック材料を熱で溶かして、金型という型の中に内に流し込んだ後に、冷却して固めることにより、樹脂製品を得る成形方法だ。

しかし、アップル社は、こだわりがあった。

「金属製の高級感あふれるものにしたい」と。

このためには、金属材料から一台ずつ削り出し、また磨きをかけて光らせざるを得なくなった。他社は、どこもこれだけのコストを掛けて、スマホのケースを金属製にすることなど考えない。

このアップル社の要求に応えるためには、非常に高価な工作機械を、多数購入し、夜中まで動かさないといけない。また、その受注がいつまで続くかも不明である。

この様なハイリスクで多額の投資を必要とする要求を、アップルの仕事を取るために、郭董事長は受け入れる。

これよりも前にも、ハイリスクで多額の投資を行った事例がある（安田峰敏『野心　郭台銘伝』プレジデント社２０１６）。

１９９５年に、パソコンのデルから受注するために、受注の決定前にもかかわらず採算を度外視してアメリカに工場を造った。デルが、技術力の低い中国工場で大量生産する不安を解消するためである。結果としてデルからの大口の受注に成功したのである。

また、ソニーのゲーム機、プレイステーション（ＰＳ）の受注でも、製造の委託が決定される以前からＰＳ専用の技術者を自社で大量に採用し、勝手に開発センターと工場を立ち上げ、ソニーへ売り込みを行った。

ソニーのＰＳ関係者へインタビューすると、次のような答えが返ってきた。

工場の中には最新の装置が並んでおり、これなら製造可能と、ソニーの関係者に工場に行ってもらい、納得してもらった。

ソニーは、ＰＳシリーズの製造を鴻海に発注した。

私は、この経営戦略を「規範破壊経営」と名付ける。

吉原英樹神戸大学名誉教授の著書に『「バカな」と「なるほど」』という、経営戦略論の名著がある。「バカな」は、差別性、それも軽蔑される差別性を表現している。「なるほど」は、合理性ないし論理性をあらわしている。戦略の二大条件は、差別性と合理性である。強いて言えば差別性の方が重要であると言われている。それでは、どのような差別性なのか。吉原英樹教授の別の書籍に『「非」常識の経営』がある。「非常識」ではなく、カッコ付きの『「非」常識』である。郭董事長の経営は、カッコ付きの『「非」常識』では表現しきれない。そこからさらに超えているのではないかという気がする。

クレイトン・クリステンセン教授は、著書『イノベーターのジレンマ』で、優良企業の失敗する原因として、「破壊的イノベーション」を提唱されている。低価格、低品質の分野から参入し、上位市場に移行していくモデルだ。低価格、低品質の分野から参入するアプローチは、郭董事長のアプローチとは異なると感じた。山口栄一京都大学教授は、著書『イノベーション破壊と共鳴』で、科学のパラダイム（規範）を破壊する型に属するイノベーションを「パラダイム破壊型イノベーション」、そうでない型を「パラダイム持続型イノベーション」と呼んで区別している。

この考え方をヒントに、経済のパラダイム（規範）を破壊する型の経営を、「規範破壊経営」と名付けることにした。

郭董事長は、ハイリスクで多額の投資を必要とする要求を受け入れることにより、アップルの仕事を取る。規範のなんたるかを熟知した上で、敢えてそれまでの規範を破壊することで、常識で動く競争他社を大きく引き離しているのである。この郭董事長の経営は、「規範破壊経営」そのものである。

郭董事長のシャープへの片思い：「シャープは先生だ」

シャープは、堺工場の過大投資により経営状態が悪化した後では、資金を得るために多くの企業と提携していった。

一方、郭董事長は、「シャープと鴻海が組んで、韓国のサムスンに勝つ」、つまり「日台連携で韓国に勝つ」という構想を抱いていた。

このため、シャープと鴻海の提携は、シャープ会長（当時）の町田勝彦と郭台銘董事長の間で始まった。この交渉が、2012年3月26日に、両社の提携という形で実を結んだ。

その提携内容は、液晶パネルを生産する堺工場の運営合弁会社への50％出資と、シャープ本体への10％出資の2つを含んでいた。堺工場の運営合弁会社への出資は実際に実行され、堺工場の共同運営で成果が出た。しかし、シャープ本体への出資交渉は、一旦合意したものの、その後、シャープが、営業損益見通しを大幅に下方修正したため、株価が下落。両社が合意した株価だと鴻海は巨額の含み損を抱えることになるため、条件が再交渉されたが最終的に決裂した。

このシャープと鴻海の提携交渉に関して、シャープから鴻海のフォックスコン・グループに移った矢野耕三氏（フォックスコン日本技研代表）から直接話を聞いている。2013年9月のことだが、そのとき矢野氏が話してくれたことは、郭董事長の考え方を示す重要なポイントなので、前著でも触れているが改めてここに書き留めておきたい（中田行彦『シャープ「企業敗戦」の深層』イースト・プレス2016)。

――シャープと鴻海の交渉が暗礁に乗り上げた理由は、なんでしょうか?

「いちばん大きな理由は、中国人や台湾人との交渉をよくわかっていないということでしょう。関西のおばちゃんは必ず値切る。中国や台湾も一緒。言ってみて、できたら儲けと考える。交渉で詰めても、次の日にはもうちょっとどうにかならないかとくる。これに怒って帰ったのがシャープです。テリー(郭台銘)さんは上から目線で、これもつけてくれと中国式に交渉する。片山(シャープ片山幹雄社長(当時))さんは、本社の決済を取ったのになんだと、相性が合わなかった。テリーさんと町田さんはうまくいっていたが、町田さんが身を引いてしまった」

――「日台連合」でサムスン電子に勝つんだと言われていましたが。シャープがサムスンと組んだのは裏切りだと主張して、テリーさんは怒られたとも聞いています。

「それは違います。これを契機にやめたのではありません。シャープとサムスンの提携が発表される2013年3月6日の前日に、私はテリーさんと一緒にいました。NHKが、この提携を前日にすっぱ抜いていました。テリーさんは、それがあったにもかかわらず、シャープの奥田さん（社長：当時）との会議を待っていた。私はテリーさんと、液晶用ガラスを生産するコーニングの工場を一緒に見学していました。すると急にメモが入った。シャープが急に会談をキャンセルしてきたんです。その後、中華料理を食べながら、テリーさんから話がありました。

『いろいろな報道があるけど、私の気持ちは変わっていないから、皆がんばってくれ』と。広部さん（広部俊彦合弁会社社長＝当時：シャープ元常務執行役員）等とも握手をし、『わかりました。がんばります』ということでした」

――テリー董事長は、いまでもシャープとの提携に期待されていますか？

「テリーさんは、いまでもシャープに片想いです。テリーさんの想いがシャープに伝わらない。テリーさんは、会議の席では『シャープは先生だ。そういうつもりで対応するように』と言っています」

結果として、鴻海の郭董事長は、シャープ本体への出資は行わず、シャープへの片思いは続くことになった。しかし、堺工場の運営会社には出資した。

郭董事長の決断は、「経済合理性」に叶った判断だったと私は思う。

堺工場の運営会社への投資により、堺工場で生産する大型液晶パネルの半分が安定供給される。また液晶生産のノウハウを得られるメリットがある。そして、シャープ本体への投資による損失を回避できる。「経済合理性」から見ればそこに齟齬はない。この堺工場の共同運営の経験は、両社の信頼関係を醸成し、4年後に起こる投資の機会にプラスに働くこととなった。

シャープにとっても、大型液晶パネルの半分の安定供給先を確保でき、工場の稼働率を上げることができて利益も出る。つまり、巨額投資にもかかわらず、売上高が損益分岐点を超えて黒字が出るようになったのである。

郭董事長が産業革新機構を論破し、シャープ投資へ

郭董事長がシャープへの片思いを実らせるチャンスが巡って来た。

当初、シャープは政府系ファンドの産業革新機構（ＩＮＣＪ）からの出資によって救済されることになっていた。そこで解体されて、液晶部門はジャパンディスプレイ（ＪＤＩ）と、家電部門は東芝の家電部門と統合されるはずであった。

ところが、2016年1月末、鴻海の郭董事長が来日して、シャープ経営陣と直談判したことにより、大逆転劇が起きたのである。

なぜ、郭董事長は、産業革新機構の提案を論破し逆転できたのだろうか？

産業革新機構の提案と、鴻海の提案を比較。また参考として2019年2月時点の鴻海が行った実際の行動を比較して、表6－1にまとめておく。

まずは、産業革新機構と鴻海の提案を比較してみる。

産業革新機構は勝てると思って強気の案を出していた。

出資規模では、鴻海の7000億円に対し、産業革新機構は3000億円。規模では2倍以上の差があった。つまり、「経済合理性」から見れば、シャープは鴻海を選択することが妥当だった。出資の仕方も大きく違っていた。鴻海は、メインバンクであるみずほ銀行と三菱東京UFJ銀行（現在の三菱UFJ銀行）に対して、「債務の株式化」（DES：デット・エクイティ・スワップ）という手法で、貸付金を優先株に変えたものを簿価で買い取るとしていた。また、さらなる債権放棄などは求めていなかった。これに対して、産業革新機構は優先株の実質放棄とともに、さらなるDESとして1500億円を求めていた。合計3500億円の出資を求めるという厳しい条件だ。これは、銀行にも貸し込んだ責任（貸し手責任）があるとしたからだった。

表6－1　産業革新機構の提案と、鴻海の提案と実際の対応の比較表

産業革新機構の提案		鴻海精密工業の提案	実際の対応（2019年2月時点）
3000億円規模	出資規模	7000億円規模	最終3888億円に減額
2000億円優先株実質放棄へ 1500億円のDES追加	銀行出資	2000億円優先株簿価買取 債権放棄等求めず	公募増資し買取予定が増資中止 手元資金850億円で消却を予定
事業部門ごとに他社と提携切り離し	会社の形	原則現状維持	シャープ株式会社を維持 （鴻海からの出資）
事業再編の状況による	社員の雇用	原則現状維持	国内3500人の希望退職実施 （2015年7月～9月）
総退陣	経営陣	現状維持	鴻海グループ副総裁の戴正呉氏が社長 2020年3月まで続投
出資からスタート	従来の関係	堺液晶工場で合弁事業実施中	鴻海が出資して完全子会社化
事業再編は国内企業に限り懸念なし	技術流失	技術流失の懸念	技術流失は無い
「規模の経済」が中心で不透明	成長戦略	「国際垂直分業」と「共創」	東芝PC事業買収、液晶テレビ1000万台計画、有機ELスマホ

（中田行彦『シャープ「企業敗戦」の深層』の図１を基に改訂）

もし、銀行がこの厳しい案を受け入れたとすると、その先に待っているのは「株主代表訴訟」であることが予想された。「より有利な条件が鴻海から提示されていたにもかかわらず、なぜ産業革新機構案を選んで銀行に損害を与えたのか？」と、銀行が訴えられるリスクがあるのだ。

会社の形としては、鴻海が原則現状維持の提案をしているのに対して、産業革新機構は経営陣の退任を求めると同時に事業部門ごとに切り離すとしていた。

したがって、鴻海案のほうが経営陣にとっても銀行にとっても受け入れやすかったというのが実のところである。

最も重要な点は、支援の先に「成長戦略」を描けるかどうかである。

産業革新機構の案では、シャープの液晶部門とＪＤＩを統合するという同種企業の「日の丸液晶連合」で、規

模を大きくすることによりコストを抑えるという「規模の経済」が中心で、「成長戦略」が不透明だった。中国の液晶への爆買いならぬ「爆投資」の前では、「規模の経済」がどれほど効果を持つか判らなかった。

鴻海の支援案は、鴻海とシャープが同業ではなく補完関係にあることが明確だ。一言で言うと、シャープは研究・開発に強く、鴻海は生産・販売に強い。このため、詳細は後述するが、両社の強みを活かした「国際垂直統合」と「共創」によりグローバル競争に展望が持てる。郭董事長が、「グローバル成長戦略」で、シャープ経営陣を説得したことが、鴻海に大逆転した決め手となったのである。

本質的な差は、「ファンド」か「企業」である。

産業革新機構は、「ファンド」であり、数年で売り抜けて利益を出資者に返さなければならない。鴻海は「企業」であり、自社のプラスになることが目的だ。

しかし、鴻海の提案から3年を経た現時点から振り返ってみると、鴻海の提案と鴻海が現在までに実施した結果を比較すると、提案どおり、または提案を超えて実施された事項と、「値切り」が起こっている事項がある（表6－1）。

出資規模は、鴻海の提案7000億円規模に対して、最終は3888億円と「値切り」が起こっている。その理由は後述する。

銀行の出資に対しては、公募増資して優先株を買い取ることを予定していた。しかし、株価が低迷したため、「株式の希薄化」を恐れて増資を中止した。「株式の希薄化」とは、新株発行で株式数が増えて1株当たりの権利内容が小さくなることを言う。結果として、手元資金850億円により消却する方針である。

また社員の雇用については、「原則現状維持」としていたが、実際には2015年7月~9月に国内3500人の希望退職を実施した。

郭董事長が「偶発債務」で見せた「資産精査」と「交渉術」

2016年2月24日早朝、シャープから鴻海に送られてきた「偶発債務」リストが騒動を引き起こした。シャープと鴻海の合意発表の前日である。

「偶発債務」とは、現在は発生していないが、将来何らかの事態が起きたときに負担する可能性のある債務を意味する。例えば、特許侵害等を巡る訴訟の損害賠償金、製品輸送時の事故や取引先の倒産で生じる損失などが該当する。発生の可能性が低い場合でも、重要性が高いものについては、財務諸表の「注記」に内容や金額を記載して投資家に開示する必要がある。

鴻海の郭台銘董事長（当時）は、24日に報告を受けると、シャープに詳細の説明と取締役会延期を要求した。

しかし、シャープは、「偶発債務」を既に適切に開示しているとして、25日に取締役を開いて、鴻海を出資元に選んだことを鴻海に報告した。

取締役会延期の要請を無視したシャープに、鴻海の不信感が広がった。シャープは、高橋社長（当時）が深圳に出向き、郭台銘董事長に謝罪と説明を行った。その結果、二人は「偶発債務」の精査や取扱で協議することとした。

出資額は、当初4800億円でまとまりかけていたが、「偶発債務」問題により、鴻海はみずほ銀行と三菱東京UFJ銀行の主力銀行に2000億円の減額を通告した。これを受け入れれば、産業革新機構が提案していた出資額3000億円さえも下回り、鴻海を選んだ理由の一つが崩れてしまう。これに対して、二つの主力銀行は、新たな融資枠3000億円を設定する条件を示した。

交渉の結果、出資額を1000億円減額し、3888億円で、シャープと鴻海は2016年3月25日に合意した。中国の習慣から、縁起を担いだ「八並び」の数字となった。

ここで「偶発債務」の深層をもう少し突っ込んで分析してみることにする。

まず問題の争点となったシャープの「偶発債務」は適切に開示されていたのか？

一例として、シャープが２０１６年２月12日に開示した１２２期第３四半期報告書（平成27年10月1日～平成27年12月31日）を見ると、注意事項として「偶発債務」の記載がある。そのうちの一例を挙げると、ソーラーパネルの原材料の購入契約には転売が禁止されているものがあるため、将来使用見込みがなくなった場合には、２８３億円の損害が発生する可能性あると書かれている。この「偶発債務」の「注記」が、シャープの公式見解であり、その点に関しては適切に開示されていると言えよう。

しかしシャープが重要性の低い「偶発債務」リストを送ったのは、明らかにシャープ側のミスである。

なぜ、シャープが重要性の低い「偶発債務」リストを、鴻海に送ったのか？

私も出席した２０１６年のシャープ株主総会で、高橋興三社長（当時）は、次のように理由を述べている。

「買収を競っていた官民ファンドの産業革新機構に比べて、資産査定で鴻海が遅れていた」

「隠したままでは出資自体がなくなる可能性があった」

この「偶発債務」の件への対処の仕方で郭董事長の考え方が判る。それは「資産精査」と「交渉術」だ。

「資産精査」を、経営学で正式には「デューデリジェンス」と呼ぶ。

「デューデリジェンス」とは、投資や企業取引、合併や買収（M&A）などの際に対象となる企業に対して、企業価値の査定や法律に関わる資産について調査することを指す。「デューデリジェンス」には、企業の財務、事業、人材、情報システム、法律・法務等色々な方面からの調査を含んでいる。私は、シリコンバレー等で、主にベンチャー企業が保有する技術を調査する「技術デューデリジェンス」を行った経験がある。

郭董事長は「偶発債務」問題を突破口として、徹底的に「デューデリジェンス」を行った。平易に言うと、使っても効果がなく無駄になる「死に金」を無くし、使っただけの価値が生じる「生き金」にしようという考え方である。飽くなき「経済合理性」の追求であり、「経費削減」の考え方である。

郭董事長の「交渉術」については、新聞各社の報道ぶりを見れば「偶発債務」でシャープを揺さぶり続けた、シャープを翻弄した、硬軟を使い分ける、即断即決、朝礼暮改等の評価が並ぶ。しかし、「偶発債務」は元はと言えばシャープのミスから始まったもので、徹底的に「デューデリジェンス」を行ったことは、ポジィティブな面から見れば相互理解が深まったとも取ることができる。

私は、立命館大学大学院の博士課程後期の授業で「ハーバード流交渉術」を学んだことがある。最初、これは学問なのという疑問を持った。曖昧さを伴いがちな心理学的要素も関係するし、内容がどれも言わずもがなの当たり前のことのように思えたからである。

とは言え、この「ハーバード流交渉術」の見地から、郭董事長の「交渉術」を分析してみると、また違った一面が見えてくる。

「ハーバード流交渉術」では、一枚のパイの取り分を巡って、お互い相手に強く出ながら譲歩を迫るハード型と、相手の立場を考え譲歩しながら妥協点を見つけて合意形成を目指すソフト型の交渉それらをまとめて「立場駆け引き型交渉」と呼んでいるが、その交渉の仕方では解決に結びつかないとしている。

「ハーバード流交渉術」が良しとするのは「原則立脚型交渉」で、それは「利益満足型交渉」とも呼ばれるのである。その一つの基本点は「立場でなく利害に焦点を合わせる」である。利害を念頭に置き、双方にとって有利な選択肢を考え出す、ことが重要であるとしている。

郭董事長は24日の問題発生から一貫して、資産の精査を急ぎ、一刻も早く契約するよう発破をかけたという。

「資産の精査」という原則に立脚しながら、利害を考えて、「シャープへの4年越しの恋」を成就させようとしたことが「ハーバード流交渉術」で読み解ける。

郭董事長が4年越しの恋を成就：シャープへの「投資」

郭董事長が4年越しの恋を実らせ、シャープを鴻海の傘下に収めるための契約調印式が、2016年4月2日に、堺市堺区の堺ディスプレイプロダクトで開かれた。

まず紹介されて、シャープの高橋興三社長（当時）、鴻海の郭台銘董事長、戴正呉副総裁が登壇。それを機に日本や台湾のメディア約300人が一斉に詰め寄った。カメラのフラッシュの嵐の中で、高橋社長と郭董事長が契約書に署名。その後、席から立ち上がって三人は、郭董事長を中央にがっちりと握手を交わした。緊迫した空気はなく、会場からは拍手も起きるなごやかな雰囲気で調印式は進行していった。

その状況の趣旨を抜粋して書いておく。

冒頭の挨拶はシャープの高橋社長が行った。

「本日、戦略的提携により鴻海（ホンハイ）精密工業と契約を締結しました。鴻海のみなさまに厚く御礼申し上げます。当社は、液晶事業の環境悪化等があり、経営再建に向けて、これまでアライアンス（提携）を含め抜本的な構造改革を進めてきました。その結果、EMS（電子機器受託製造サービス：Electronics Manufacturing Service）の最大手であり、また幅ひろい

ＩｏＴ製品の開発と生産に取り組んでいる鴻海からの資本提携と共に、広範な戦略的パートナーシップを含む提案を受け入れることを決定しました。この提携は、事業拡大に寄与すると共に、財務体質の改善にも貢献し、ひいては既に堺ディスプレイプロダクト（ＳＤＰ）で協業に成功している両社に、更に大きなシナジーが見込まれます。本戦略的提携により、鴻海が保有する世界最大の生産能力、またグローバルな顧客基盤と共に、両社の革新的で実績のある技術開発力の融合を図ります。（中略）新たなシャープ・鴻海連合を結成する中で、お互いの「企業文化」を尊重し、認め合うと共に、協力して両社が持つ「創意の遺伝子」と、ベンチャースピリット・起業家精神の融合を図り、アジア初の新しい「プロダクト・イノベーション」開発と製造の姿を示していきたいと思います』

次に郭董事長が挨拶に立った。

英語でのスピーチは予期していなかったので驚いた。

郭董事長は、１９８５年にFoxconnブランドを世界22か国で登録し、米国事務所を設立。米国で営業活動を行うと共に、１９８９年から数年間、自ら米国支社に赴任したこともあるそうで、ビジネスでは日常的に英語を使っていた。

郭董事長の講演内容は、前面の液晶ディスプレイに、英語と日本語で表示された。

「私は日本が大好きで、仕事もプライベートでも30年以上日本と関わっている。30回目の誕生日にはじめて大阪に来た。昨年だけで鴻海は日本から210億ドル以上の輸入をしている。本日は、鴻海とってもシャープにとっても非常に重要な1日だ。シャープの105年に渡る歴史と、技術のイノベーターとして、またリーダーとして、シャープが果たしてきた役割を尊敬する。シャープの広く尊敬される創業者の早川徳次氏のイノベーション、勤勉、高潔さという考え方は、今日でもシャープの何千人という社員に息づいている。初のシャープペンシルから電卓、家電と繰り返し、シャープはイノベーターであることを証明してきた。このイノベーションのDNAがあるからこそ、私はシャープが大好きだ。（中略）シャープに出資をすることは、会社の価値に関係がある。特に戦略的パートナーとして、共に生み出していける価値が重要だ。

シャープの堺工場の運営会社に出資して以来、色々学ばせてもらった。その間に、シャープの技術文化、さらにディスプレイ技術のイノベーションを続けてきたことに対して、尊敬の念を持つようになった。（中略）なぜ100年以上の歴史ある日本企業が台湾企業と提携するのか疑問の声を聞くが、次のことを言いたい。シャープは日本企業ではありません。グローバルな企業だ。鴻海もまた台湾企業あるいは中国企業ではなくグローバル企業だ。今回の案件は、ふたつのグローバル企業が相互に補完し、一緒に成功を目指すことになる「企業文化」の違いを活用することにより高い段階に成長できる。私のロードマップは明確だ。シャープの持つ最新技術の製品化をスピーディーにすることを支援する。シャープブランドを世界ブランドになるように支援する。シャープが今後の100年も革新者であり続けるためにフルサポートを約束する。鴻海もシャープから学んでいく。従業員にも私と共に今後の旅路に一歩を踏み出していってほしい」

そのスピーチの後、シャープの高橋社長（当時）、鴻海の郭董事長、戴副総裁の三人が記者からの質問を受け付けた。質疑の要旨を抜粋しまとめておく。

――シャープはなぜ鴻海を選んだのか？

高橋社長（当時）「鴻海とは既に工場を共同運営した経験があり、高度な技術を持つことも分かっている。今回、デューデリジェンスからこの締結に至るまで、鴻海と色々な協議をしてきた。その時のスピードとパワーはすさまじい。融合すれば、遥かに大きな可能性があると強く感じた」

――郭董事長の考えるシャープの強みと弱みを教えて欲しい。

郭董事長「シャープの強みは、そのＤＮＡの中に、研究開発重視、技術重視があり、イノベーションに強みを持っている。一方鴻海の方は、研究開発をサポートする、迅速に製品化する、効率を高めコストも下げるというところに強みを持っている。両社は補完的な関係にある」

――シャープを何年で黒字化するのか？

郭董事長「皆さん以上に早くしたいと思っている。私は日本文化から多くのことを学んだ。黒字化まで2年と思ったら（控えめに）4年と申し上げる」

――シャープは66％出資を受け入れる。高橋社長の受け止め方はどうか？

高橋社長（当時）「戴副総裁が以前に会見された時に『買収ではなく投資だ』と言ってくれた。シャープの社員は自分達で立っていかないといけない。そう強く意識している」

――台湾メディアの記者：今回の提携は台湾で最大の買収であり、投資案件であり課題も大きい。どうやって統合を進め、文化ショックを乗り越え、国際的企業にしていくのか？

郭董事長「今回の案件は『買収ではなく投資だ』と言いたい。鴻海もシャープも引き続き存続するが、お互いの強みを活かしていきたい」

最後に三人が立上り肩を組みあい、写真撮影に応じた。予定より約50分長い約2時間40分にわたる会見が終了した。

郭董事長の「プライベート・ジェット」と「吉野家」

郭董事長の「経営理念」は、鴻海の「組織文化」と戴社長の「リーダーシップ」に影響を与えている。

郭董事長の企業経営や活動について、これまで述べてこなかった興味深い点を追記しておく（安田峰俊『野心 郭台銘伝』プレジデント社2016）。

郭董事長は、1985年に米国事務所を設立し、単身で渡米し長期間の営業に出た。この時モーテルの安宿を泊まり歩き、食事はハンバーガーだけといったような貧乏旅行を続けた。

郭董事長は、プライベート・ジェット機を保有しているが、仕事の効率化のために使用するのみで、機体に「Foxconn」のロゴをつけるでもなく基本デザインのままである。現在でも郭董事長は、ファーストフード店をよく使い、来日時は吉野家の牛丼を好んで食べる。

「プライベート・ジェット」と「吉野家」。

我々凡人には、この間に大きなギャップがあると思う。しかし、郭董事長には、「経済合理性」という視点でギャップはないと思える。

これは彼の仕事ぶりにも通じるところがある。ハイリスクな多額の投資を行うことがそれである。仕事に必要なら金の出し惜しみはしないが、仕事以外の経費は徹底して削減する。それは「生き金」は使っても「死に金」を使うことは絶対にしないということである。これは戴社長の「清貧」に通じる考え方である。

郭董事長の「経営理念」を、今まで述べてきた事例から整理すると次のようになる。

1. 多額の投資でも、リスクを取って、即断即決する。
2. 「生き金」は使うが、「死に金」をなくす。
3. 今回の案件は『買収ではなく投資だ』。
4. 創業者の早川徳次氏を尊敬し、シャープが、技術のイノベーター、またリーダーとして、果たしてきた役割を尊敬する。
5. シャープへの出資は、戦略的パートナーとして、共に会社の価値を生み出していける。

この郭董事長の「経営理念」を「規範破壊経営」と名付けた。この考え方が、戴社長の考え方や行動、そして「日本型リーダーシップ」に影響を与えていることになる。

第3部 シャープ・鴻海連合の復活戦略と死活問題

第7章 シャープと東芝の命運を分けた分水嶺

シャープの東芝PC事業買収の衝撃

2018年6月4日、シャープが東芝パソコン事業を買収する方針を固めたというニュースがテレビ・新聞を通して一斉に報じられた。

シャープも東芝も、会社存亡の危機に瀕していたはずだった。しかしシャープは完全復活し、一方の東芝は、粉飾決算問題や不祥事等次々と起こるトラブルに対処するため、事業を切り売りしながら生き延びてきている状況であった。その立場の違いを象徴する出来事が、シャープの東芝パソコン事業買収だ。

この差はなぜ生まれたのか？

シャープと東芝の比較に絞って、両社の命運を分けた分水嶺を、経営学の視点で見てみたい。

東芝が現在の状況にあるのは、これまでに発生した様々な問題の積み重ねによるものであることは論をまたない。

時間的経過から見ていくと、まずは歴代の三社長がプレッシャーを掛けた「粉飾決算」、次はウエスチングハウス（WH）買収に伴う巨額損失、そして東芝メモリの売却交渉、新生東芝の船出の以上の四つの経営判断に整理できる。

この東芝が抱えている問題を基に、次の四つ経営判断を経営学の視点から、東芝とシャープを比較してみたいと思う。

一つ目は、経営者のプレッシャーによる「企業統治（コーポレート・ガバナンス）不全」、二つ目は、日本電産・永守社長の三条件による「グローバル提携」の評価、三つ目は官民ファンドとの関係から見る「企業と国の関係」、四つ目は新生東芝の「経費削減方針」である。

全く異なると思える経営課題である。しかし、「蟻の穴から堤も崩れる」と言うことわざがある。これらが東芝を蝕んだ。

シャープと東芝を分けた四つの経営判断の違いから多くを学べるはずである。

プレッシャーから見たシャープと東芝の「企業統治不全」の違い

シャープの「企業統治」について、日本経済新聞（2015年5月19日）は、次のように述べている。

「シャープが2015年3月期に2期ぶりに赤字に転落することが明らかになったのは20

14年12月27日だ。毎週土曜日に開かれる恒例の経営会議に財務部門から報告された。2人の橋本（みずほ銀行出身橋本明博、三菱東京UFJ銀行橋本仁宏（現シャープ社長室長）の両取締役兼常務執行役員）には「晴天のへきれき」。社長の高橋ですら「本当に赤字なのか」と肩を落としていた」

なぜ、この様な重要な収益に関する情報が、ここまで判明しなかったのだろうか？

同じく日本経済新聞（2015年5月21日）の記事では、次のような事例が紹介されている。

「高橋社長は、2014年末、テレビ事業の本拠地である栃木工場（栃木県矢板市）を訪ね、毛利（毛利雅之執行役員）に、業績悪化の理由を問いただした。毛利は「グループ工場から買うパネルが高いからだ」と反発し、その後に辞表をたたきつけた」

以上のことからシャープには、下位の人間が上位の人間に対して異を唱えることができる「組織文化」があったことが判る。

一方、東芝の「企業統治」に関して、第三者委員会が2015年7月20日に出した報告書には以下のような内容が記されている。

西田厚聰、佐々木則夫、田中久雄の歴代の三社長ら経営トップは、「チャレンジ」と呼ばれ

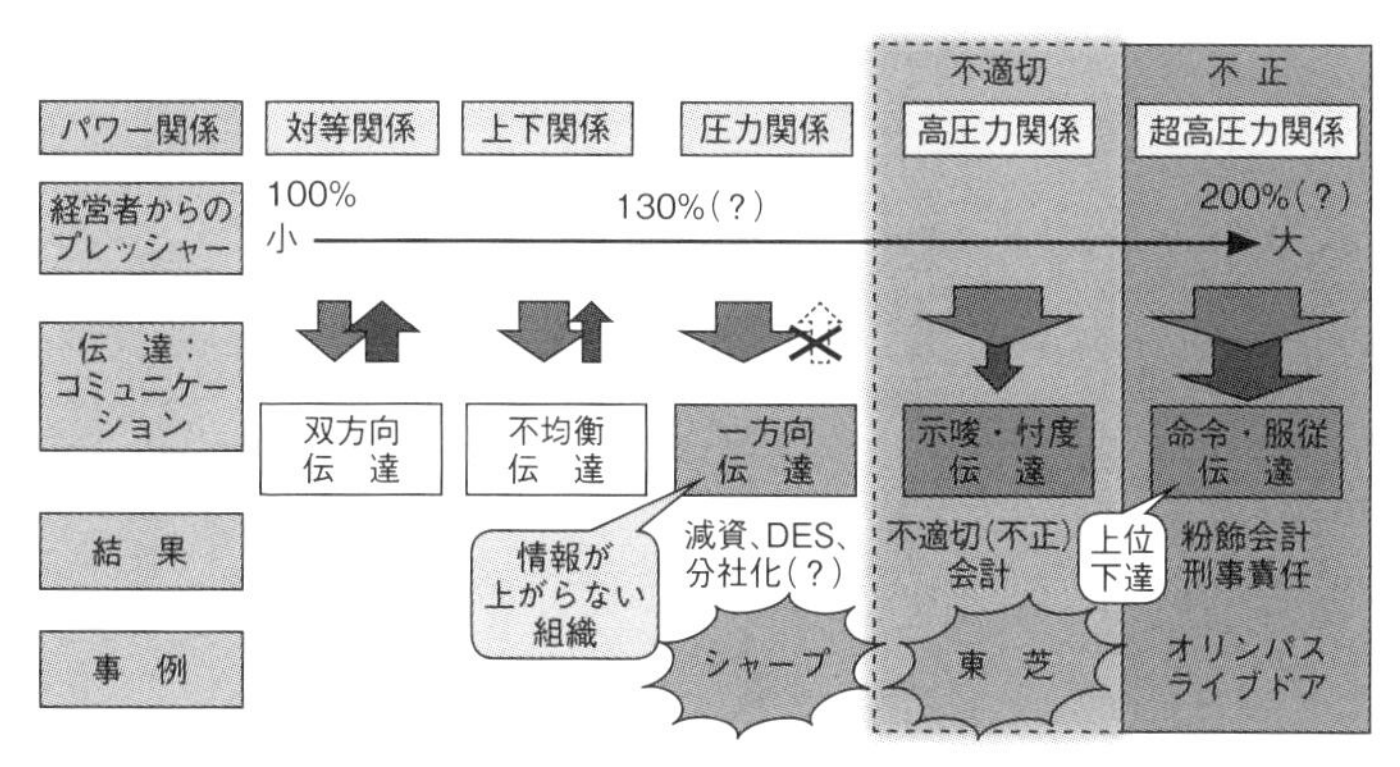

図7-1　パワー関係からみた「企業統治不全」分析モデル
（著者作成）

る「プレッシャー」を社員にかけた。例えば、2008年12月度社長月例においても、2008年度第3四半期の営業利益見込みの報告に対して、西田厚聰社長（当時）は次のようにプレッシャーをかけた。

「こんな数字ははずかしくて、公表できない」

これを、「忖度」して、部品の押し込みを実施し、見かけ上の利益をかさ上げした。

シャープと東芝の事例を比較して、「企業統治不全」の原因を分析する。

東芝の第三者報告書には、経営トップから「チャレンジ」と呼ばれる「プレッシャー」をかけられたことが、幾度も述べられている。

これらの事例の比較から、「経営者からのプレッシャー」の視点から、「企業統治不全」を考える（図7-1）。

「組織」とは、何らかの目標を達成するために複数の人間が協働する集合体である。それを統制するには、ピラミッド型の「官僚制システム」が一般的であり、そこには「パワー関係」が発生する。会社も「組織」の一形態であるわけだから、「経営者からのプレッシャー」が社員にかかるのはある意味当然である。

先に挙げた「企業統治不全」の二つの事例を比較分析した結果、「経営者からのプレッシャー」の度合いが「企業統治不全」に影響するものと考えられる。

この比較分析結果から、プレッシャーの度合いが低い場合は、シャープの事例のように、「情報が上がらない組織」となる。プレッシャーが強い場合は、東芝の事例のように、「不正会計」に至る場合がある。

このように、シャープと東芝には、パワー関係からみた「企業統治不全」に違いがある。

「忖度する」東芝と「忖度しない」シャープ

東芝の場合、「経営者からのプレッシャー」に対して部下は反論することなく「忖度」している。一方、シャープの場合、「社長に辞表をたたきつける」ことができる関係にあった。

なぜ東芝は「忖度」し、シャープは「忖度」しないのか？

私は、その「組織文化」を決定する要因の一つとして「役職定年制」を考えている。

私は、（株）液晶先端技術開発センターに主管研究員として、シャープから出向していたことがある。日立、東芝、ＮＥＣ、パナソニック、三菱電機、シャープの６社が出資した株式会社で、液晶の国家プロジェクトの受け皿会社である。神奈川県横浜市戸塚区の日立のクルーンルームを借用して。各社の研究員が寄り集まる方式をとっていた。

関東系と関西系の企業の寄り集まりであり、「組織文化」が異なる。

特に大きな差を感じたのが、「役職定年制」である。関西系企業には無い。特に、シャープの場合、液晶技術者は、技術流出を抑制するため、定年後も数年間顧問等で雇用されていた。

東芝の事例では、55歳が「役職定年制」であり、55歳以上で役職手当が付かなくなり手取りが減少する。東芝の研究者の場合、50歳以降に大学の研究者に転出する人が多く、大学の半導体研究者、ＭＯＴ研究者に、多くの東芝出身者がおられる。「役職定年制」が、企業外へ押し出す効果を持っているのだ。大学に転出できる人は、最先端の研究を行った人に限られる。それ以外の人のベストな転出先は、関係会社の経営幹部等である。

「忖度」を迫られるのは、上位の管理職である。「忖度」しなければ、関係会社の経営幹部や大学の研究者への転出が難しくなる恐れを感じるのではないかと、私は思う。

このように、私は「役職定年制」が「忖度」を誘発しているのではないかと思っている。

日本電産・永守社長が挙げるM&A成功の三条件

2017年11月29日、経済産業省と経済産業研究所（RIETI）は、政策シンポジウム「クロスボーダーM&A」をベルサール半蔵門で開催した。

この基調講演として、日本電産株式会社代表取締役会長兼社長（CEO）の永守重信氏が「日本電産の海外M&A」と題して講演を行った。

M&Aとは「Mergers（合併）and Acquisitions（買収）」の略で、企業の合併買収のことである。


「当社の成長の糧は、基本的にオーガニックの成長（内部資源を活用した成長）とM&A戦略が半々であり、全体のマーケットが非常に低成長の中、大きな成長を遂げてこられたのはM&Aのおかげである。しかし、規模を拡大するためにM&Aを行うのは間違いであり、私は強い企業をつくるためにM&Aを活用してきた。

M&Aが成功する条件には3つある。

1つ目に価格である。いくらで買うかは成否を分けると言っても過言ではない。自分だったらいくらで買うか計算してみて、こんな値段で買ったら1年で減損は避けられないと思うこともあるが、だいたい8割くらいは実際に後で減損している。

2つ目に、誰が買収後の企業のPMI（Post Merger Integration：統合後の経営）をやるのかという点である。日本人が海外の企業を経営したり、掌握するのは相当困難だ。人心掌握して、経営して、成果を出せる日本人はそういない。したがって、その会社の国、その国の経営者に徹底的に任せる。日本人がやらない。意識改革はやるが、経営は、現地の人が行う。

買収したら終わりではなく、自社の経営理念をしっかりと定着させることが重要である。他方で、多くの日本企業は買ったら終わり。トップが自ら買った企業に行って、経営理念を何度も語るなんてことはしない。

3つ目に、シナジー効果（相乗効果）である。海外の企業は、最高の企業価値の時にさらに化粧して値段をつり上げるので、その値段で買収して、それ以上の価値を実現するのは至難の業。自分としては（単発のM&Aでなく）もう1つ買ったらどういう効果が上がるか、と考える。本社とのシナジー、他の買収会社とのシナジーによって利益を上乗せしていく」

永守氏は、以上のように「価格、統合後の経営、相乗効果」の三つをM&A成功条件に挙げた。

永守三条件から見たシャープと東芝の「グローバル提携」の違い

永守氏のM&A成功条件を基に、鴻海のシャープへの投資、東芝のウエスチングハウス（WH）買収を中心に「グローバル提携」の他の事例も含めて、表7-1に整理しておく。

「グローバル提携」を比べてみる。

東芝のWH買収は、西田厚聰社長（当時）が2006年1月に行った。佐々木則夫氏は、入社以来、原子力事業でキャリアを積んできて、WH買収では交渉に尽力し、三菱重工や米国GEを退けて買収を成功に導いた。買収には約6000億円を投じた。他社試算のWHの企業価値は2000億円程度だったとされ、約3倍も高い「価格」で買ったことになる。東芝は、正味の資産価値と買収額の差額、約3500億円を「のれん代」として計上した。

永守氏の条件である「価格」から見れば落第点である。

「統合後の経営」では、大失敗をして、これが東芝を奈落の底に落とし込んだ。

西田氏は、WH買収の功績を評価して、佐々木氏を社長とした。佐々木社長は、「2015

表7－1　永守三条件でシャープと東芝の「グローバル提携」比較

	シャープ＆鴻海	シャープ＆東芝PC	東芝＆WH	東芝メモリ
出資元	鴻海	シャープ	東芝	Pangea（ベインキャピタル中心の共同事業体）。東芝がPangeaに再出資。
出資先	シャープ	東芝クライアントソリューション（株）	ウエスティングハウス（WH）	東芝メモリ
出資形態	66%	80%	67%	東芝とHOYA50.1%。ベインとハイニックス49.9%
出資時期	2016年8月12日	2018年10月1日	2006年1月	2018年6月1日
価　格	当初予定7000億円を、「偶発債務」を理由に3888億円に減額	2011年：評価額1000億円程度。2017年末：100億円程度。最終的に40億円	約6000億円で買収。企業価値約2000億円。約3500億円をのれん代計上	譲渡価格は約2兆3億円
統合後の経営（PMI）	戴正呉社長の鴻海流「日本型リーダーシップ」	石田佳久副社長。東芝事業継承。プラットフォームの可能性拡大	志賀重範社長・会長。WHを管理できず。S&W「0円買収」が巨額損失へ	成毛社長（元東芝）HOYA1人、ベインキャピタル3人、スミス会長（元インテル）
相乗効果（シナジー効果）	補完関係を活用した「国際垂直分業」と、共同で価値創造する「共創」	シャープと東芝と鴻海の相乗効果	相乗効果を発揮できずに、経営破綻	「技術流出防止」を志向し、韓国SKハイニックス社との相乗効果は難

（著者作成）

年までに全世界で39基の原発新設受注を見込む。売上高は1兆円」と目標を表明した。

この時期に、志賀重範氏は、2006年に電力システム社WEC統括事業部長と共に、WH社上級副社長に就任し、10年以上WHの経営に関わった。しかし「統合後の経営」ができていなかった。

WHは、アメリカで4基の原発の工事を進めている。原発工事を受注したのは2008年だが、福島第一原発事故で2011年からアメリカでも安全規制が強化され、工期が2年以上遅れた。その損害を当初は工事を請け負ったストーン&ウェブスター（S&W）が負担したが、その賠償をWHに求めて訴訟を起こした。それに対抗してWHがS&Wを買収した。これが大失敗だった。

買収額を0円と査定したが、「デューデリジェンス（資産精査）」を買収後に行う計画として実施しなかった。

米国の電力会社は原子炉を固定価格で調達し、工費の増加リスクを原発メーカーと工事会社に負わせることが多い。WHは、この「固定価格オプション契約」をした事により、約7000億円の損失が発生した。

志賀重範氏が、WHの「統合後の経営」に実質的に関与できておらず、巨額の損失を出した。最も重罪な戦犯である。

「相乗効果」に関して、東芝はWH株式取得に関する、2006年2月のニュースリリースで、次のように述べている。

「日本市場を中心に沸騰水型原子炉（BWR）に強みを持つ当社の原子力事業と、世界市場において加圧水型原子炉（PWR）事業を中心に強みを持つWH社が協力関係を構築することによって、製造、販売、技術面で両社の補完関係が成り立ち、さらに、従来、両社がそれぞれ単独では手がけることが困難だった新たな事業領域にも進出することで相乗効果を発揮することができます」

ところが実際には、原子力事業が暗礁に乗り上げて、「相乗効果」は出ていない。

次に、既に述べてきた、鴻海のシャープへの投資を永守氏のM&A成功条件を基に評価してみる。

「価格」については、「偶発債務」が発生した時に、「ハーバード流交渉術」により「資産精査」を行い、適正な価格に削減している。

「統合後の経営」については、戴社長が一人で異動し、鴻海流「日本型リーダーシップ」により、復活に導いている。

「相乗効果」では、シャープ・鴻海連合により、黒字回復等で成果を上げてきている。ただし、まだ不十分で改善すべき点等があるが、それに関しては後述する。

永守氏のM&A成功条件を基に、東芝のWH買収と、鴻海のシャープへの投資という「グローバル提携」を比較すると、シャープ・鴻海連合の方がはるかに適正であったと思える。

シャープと東芝の「官民ファンド」との付き合い方

シャープと東芝には、「企業と国の関係」への対応にも違いがある。

まず、地政学的には、本社の位置が、シャープは関西、東芝は関東にある。また、業種では、シャープが民生機器、東芝が重電機器である。更に、東芝は、石坂泰三、土光敏夫といった経団連会長等を輩出している。

これらのことから、国との結びつきに関して言えば、東芝は強く、シャープは弱いと見ることができるだろう。

その国との結びつきの度合いの強さが、実質的に国が主導する「官民ファンド」への対応に違いをもたらしたのである。

同じ債務超過という危機に陥ったシャープと東芝が、その打開策として選んだのが他社との提携であったわけだが、では一体どこと組むかという選択に経営判断の違いが表れた。海外企業と手を組むグローバル提携か、国内の企業なり組織との提携、つまり日本連合で行くかどうかの選択である。それをもっと具体的に言えば、表向きは「官民出資の投資ファンド」だが実質的には経済産業省が監督する「産業革新機構」との付き合い方の違いである。


東芝は、2016年10月に米国の子会社であるWHの約7000億円の損失が表面化。その損失の穴埋めのため、儲け頭であった半導体メモリ事業の売却を余儀なくされた。

紆余曲折の末、売却先に選んだのが、米国ウエスタンデジタル（WD）、米国投資ファンドのベインキャピタル、韓国のSKハイニックスなどが出資する受け皿会社だ。そしてそこには「技術流失防止」を目的とし「産業革新機構」と「日本政策投資銀行」も一枚噛んでいる。

このスキームには、「技術流出防止」のために様々な仕掛けがある。SKハイニックスの議決権を10年間制限する、東芝とHOYAで51％の株式を持つ、産業革新機構と日本政策投資銀行は「指図権」を16・7％ずつ持つ等の仕掛けである。ちなみに「指図権」とは、将来的に出資する前提で、出資前に東芝が持つ議決権の一部を間接的に行使できる権利である。

このように、幾重もの複雑な仕組みを駆使し、技術流出を阻止しようとしたのである。しかし、ＳＫハイニックスは将来的には議決権を有するので「技術流出」のリスクは皆無ではない。またベインキャピタルは、あくまで投資ファンドであり、早期の新規株式公開を目指す方針を持っている。そのため短期的な利益確保に傾くリスクもある。

更に、東芝メモリの売却について、中国の独占禁止法当局の審査が長引いた。このため、２０１８年3月末までに債務超過を解消できず、株式上場廃止になる恐れがあった。このため「強面ファンド」に出資をあおぎ、増資によって乗り切った経過がある。

つまり、「技術流出防止」にこだわったせいで、売却のタイミングが遅れ、今後の経営判断にも多くの利害関係者の意向を無視できない体制となってしまった。「技術流出防止」が東芝の足かせになったと言える。

逆に、シャープは、危機的状況にあった２０１６年2月初めに、出資を巡って争った2社のうち、「技術流出防止」を目的とする「産業革新機構」を蹴って、「グローバル競争」に展望が持てる台湾の鴻海精密工業を選んだ。

この選択の違いが、後のシャープと東芝の復活に大きな差をもたらしたのである。

戴社長は「パソコン事業は黒字化できる」と自信

東芝のパソコン事業を買収し、パソコン事業へ再参入するシャープだが、勝算はあるのだろうか？

シャープはかつて「メビウス」ブランドでパソコン事業を展開していたが、２０１０年に撤退。コスト競争に勝ち残ることができなかったのだ。

今回は、パソコン事業を手掛ける東芝の子会社の株式80・１％を、２０１８年10月に約40億円で取得し、パソコン事業に再参入した。東芝本体が持つ中国・杭州のパソコン工場や欧米等の関連事業も継承するが、メビウスの経験からパソコンの開発技術は有しているので、事業運営に問題はないものと思われる。

世界のサーバーの過半が鴻海製と言われるいま、鴻海は、規模のメリットを活かし、他社より安価に部材を調達できる強みを持っている。また、委託先からのコストダウンの要求に対して、生産技術を発展させて対応してきた。中国・杭州のパソコン工場の管理も得意だ。また、単なる「国際垂直統合」だけでなく、お互いの長所を活かし共同で価値創造する「共創」も期待できる。

更に、東芝のブランド「ダイナブック」は、一時はノートPCシェアで世界トップに輝いたこともあるブランドである。パーソナルコンピュータの父と言われるアラン・ケイが提唱したコンセプトモデル「ダイナブック」に由来した由緒正しきブランドである。シャープと鴻海の「国際垂直統合」と「共創」に加えて、ブランド「ダイナブック」があれば、文字通り「鬼に金棒」である。つまり、シャープ、鴻海、東芝の「相乗効果」が期待できるからだ。

東芝のパソコン事業は、２０１７年度には96億円の営業赤字だったが、シャープの戴社長は「必ず黒字化できる。１～２年以内で黒字化して投資を回収したい」と語っている。

東芝メモリは「日米韓連合」で再建へ

シャープと東芝の比較に絞って、両社を分けた分水嶺を、経営学の視点で見てきた。これを踏まえて、東芝と東芝メモリの課題と期待をまとめておく。

東芝メモリは、紆余曲折があったが、２０１８年6月1日に、東芝から米国投資ファンドのベインキャピタルを中心とし「日米韓連合」の特別目的会社へ売却が完了した。

東芝メモリの関係者の一人は「やっと売却が完了してよかった」と、私に答えてくれた。東芝からやっと分かれられ歓迎しているようだ。

東芝メモリは、米国ウエスタンデジタル（ＷＤ）と和解し、２０１８年９月19日にフラッシュメモリを製造する四日市工場の第６製造棟とメモリ開発センターを竣工した。２０１９年初めには最先端フラッシュメモリの量産を始める計画である。

競争環境は、韓国サムスン、米国マイクロン・テクノロジーとの三つ巴だが、今後は中国の動向も焦点である。また、フラッシュメモリの価格低下もあり逆風下ではあるが、東芝メモリは反転攻勢に転じており今後に期待したい。

新生東芝「豪華会見」とシャープ「本社総会」

東芝は、「事業切り売り」が止まらず厳しい状況にあり、稼ぎ頭だったフラッシュメモリまで売却した。前述したようにＰＣ事業はシャープへ、白物家電事業は中国家電大手の美的集団に、医療機器子会社はキヤノンに売却した。工作機器の東芝機械の株式も手放した。残るは原子力事業と「社会インフラ事業」だけである。

課題は「事業切り売り」した後に「何で稼ぐか」である。

また、株式上場廃止になる恐れがあったため「強面ファンド」に出資をあおぎ、増資によって乗り切ったが、そのツケが回ってきた。なんとか、株式上場廃止となる期日までに、東芝メモリを売却できた。この売却益を使って7000億円規模の自社株買いを行い「強面ファンド」を助ける。第三者割当価格より43%高い価格で買い取るため、東芝株を保有するファンドは多くの利益を出すのは確実である。

新生東芝の代表執行役会長CEO（最高経営責任者）に、三井住友銀行出身の車谷暢昭氏が2018年4月に着いた。東芝が外部から経営トップを招くのは土光敏夫氏以来、53年ぶりである。

東芝は、2018年11月8日に、2023年度までの中期経営計画「東芝Nextプラン」を発表した。その記者会見は、東京・芝浦の東芝本社でなく、六本木ヒルズ内の「グランドハイアット東京」で開かれた。

まだ瀕死の状態なのに、なぜこの様な豪華な会場を借りて記者会見するのか？「めざしの土光さん」ならどう思うだろう。

また、銀行家である車谷氏は、着任7か月であり、まだ東芝の事業を把握しきれない為か、他の役員が代わりに説明する場面があった。

これを、シャープの事例を比較してみる。

シャープは、堺工場内のホールで株主総会を開いて経費を削減している。コピー機以外の白物、スマホ等で培った経営経験を基に決裁書の判断もできるという戴社長に対して、東芝車谷会長の行動は明らかに異なっている。

シャープと東芝の債権者区分を「要注意先」から最上位の「正常先」へ、２０１８年９月末までにメガバンクは引き上げた。

日本を代表する東芝とシャープが、相次いで経営難に陥った異常な状態が収束し正常化したわけだ。東芝には「正常」を超えて、早期に復活することを筆者としては期待している。

第8章

「テレビ1000万台」達成の後遺症から「自力開拓」へ

鴻海頼みの「テレビ1000万台」達成

「液晶テレビ1000万台計画」は、シャープを黒字化するために、テレビ事業で反転攻勢する野心的な計画であった。第1章でも触れたが改めてその概要をまとめておく。「液晶テレビ1000万台計画」はその名の通り、2018年度の世界販売を2016年度見込み比で2倍の1000万台に増やす計画である。シャープのテレビ販売は10年度に過去最高の1482万台を記録してから減り続け、15年度は582万台、16年度も減る中での野心的な計画だ。

シャープグループの国内パネル工場の全生産能力は、1000万台である。「1000万台」を達成するために、サムスンへの液晶パネルの供給をも停止した。

サムスンを切って、郭董事長の「日台連携で韓国に勝つ」構想を進めるものであり、背水の陣で臨む必達目標であった。

事業的に見ても、コアテクノロジーである液晶パネルを、他社に販売せずに、自社ブランドのみに用いる重要な戦略である。成功した亀山工場で行っていた、「自社液晶を自社ブランドへ」の戦略を復活させるのだ。

この野心的な目標の達成のカギを握るのは鴻海だ。

戴社長は「鴻海の郭台銘董事長と相談し、『富連網』に任せた」と、後日述べている。「富連網」とは、正式には、鄭州市富連網電子科技有限公司という会社名であり、鴻海傘下の鴻富錦精密電子という合弁会社の子会社、つまり鴻海の孫会社に当たる。シャープの直近の液晶テレビ売上高の大半を扱う重要な会社だ。「富連網」とシャープの取引額は、2017年度の1909億円と、2016年の3倍以上に膨らんだ（日本経済新聞2018年10月16日）。

アリババ集団が運営する通販サイト「天猫（電子モール）」では、シャープの50インチ4K液晶テレビが、日本国内の半値以下の2499元（約4万3000円）の「激安」価格で販売された。

「天虎計画」と呼ばれる、鴻海グループ100万人の従業員を総動員したテレビ拡販策のプロジェクトがある。インターネットを用いた社内販売サイトも活用している。

郭董事長自らも、シャープ液晶テレビのトップセールスを行っている。

この「富連網」の販売方法は「売り切り」である。安値販売をしても、シャープには在庫や売価下落といったリスクは生じない。

鴻海が、「激安」販売による差額等のリスクを取ったり、販売経費を負担したりする形だ。

結果として、その後「テレビ1000万台」計画は達成された。

鴻海に、任せっきりで達成された。しかし、それだけで喜んではいられなかった。副作用により後遺症が発生したのである。

「テレビ1000万台」達成の後遺症

鴻海は、2017年12月期に、9期ぶりの減益となった（日本経済新聞2018年6月23日）。その一因として、シャープの液晶テレビ販売に伴う費用がかかり過ぎたと指摘する人もいる。

このため、鴻海は、年度末の2018年3月までは、シャープのテレビ販売に協力し販売経費を負担していたが、戦略を転換せざるを得なかった。

この結果、シャープは、2018年度第1四半期の連結決算で、売上高が前年同期比1％増の1兆1290億円だった。しかし、中国でのテレビ販売は伸び悩んだ。次の第2四半期は、売上高は2％減の5951億円と、7四半期ぶりのマイナスであった。液晶テレビ部門の売上9％減が足を引っ張った。

しかしもっと大きな副作用と後遺症があった。

「激安」販売をしたため、中国でのブランド力が低下してしまったのである。

アリババ集団の通販サイトでは、50インチ4Kテレビは、中国メーカー2500元（約4万3000円）前後であり、韓国サムスン電子や日本の製品も3000元（約5万円）前後から並ぶ（日経産業新聞2018年4月6日）。つまり、シャープは2499元（約4万3000円）と、中国メーカーと同じくらいの「激安」販売をしてしまい、高級ブランドのイメージを自ら破壊してしまったのである。

シャープは、これまでの2年間、鴻海に中国での販売を全面的に依存してきた。しかし、この問題を解決するために、鴻海への「依存」から「自力開拓」への道を歩むこととなった。

「量から質へ」中国市場を「自力開拓」へ

戴社長は、2018年9月22日付で、中国代表を兼務することになった。それまで中国代表であった高山俊明代表取締役は、中国副代表に就いた。

2018年9月27日、広東省深圳市にある鴻海の工場に、中国全土から多くのディーラーを集めて、「中国市場における事業戦略」を発表。あわせてディーラー会議も開催した。

中国代表を兼務した戴社長が、自ら方針を説明した（大河原克行　CNET Japan）。

「中国市場においては、２０１９年に、売上高では、前年比20％増とする計画であり、このうち、50％を大型テレビで伸ばしたい」

「当初中国では、『富連網』に販売委託をしたが、その成功を基盤として、体制を再構築する」

「『富連網』は、低価格戦略を中心にして、２年間で３００万台のシャープブランドのテレビを販売した実績を持つが、シャープ独自体制への転換に伴い、質を重視する」

「２０１８年10月１日から、中国市場に本腰を入れ、自力で開拓していくことにした。シャープは、２０２０年には海外売上高比率８割を目指す。このためには、中国市場での事業拡大は欠かせない」

「量から質へ」転換し、鴻海への「依存」から「自力開拓」を宣言した。

事実上の「天虎計画」を終結宣言し、「マーケティング戦略」を一新した。

マーケティングには、自社の視点でマーケティング戦略を考える「４Ｐ」と呼ばれる有名な考え方がある。１９６０年代にハーバードビジネス・スクールの教授、Ｅ・ジェローム・マッカーシーが提唱したフレームワークである。４ＰのＰは、Product（製品）、Price（価格）、Promotion（販売促進）、Place（販売ルート）の頭文字をとったものだ。この視点に立って、どのようにマーケティングを仕掛けていくかを考えるものだ。つまり、企業がいかにして消費者に効率的にモノやサービスを販売していくかという視点に立ったフレームワークである。

この経営学の４Ｐの視点から、シャープの新しい中国での「マーケティング戦略」を分析してする。

これまでの最大の問題は、「Promotion（販売促進）」を、全面的に「富連網」に依存していたことである。このため、中国での「Promotion（販売促進）」を刷新。これまでは、鴻海の孫会社である「富連網」を総代理店として液晶テレビなどの販売を任せていたが、今後は、多くの現地企業と代理店契約を締結し自社で主導する形に切り替えた。

「Place（販売ルート）」もこれまでは、上海や北京、広州などの大都市を対象にしてきたが、今後は地方都市も攻略していくという。

また、「Product（製品）」と「Price（価格）」を、狙いとする所得層に分けて、「ブランド戦略」を一新した。

ブランドイメージ回復のため、新ブランド「睿視（ロイシー：Smart SHARP & Good Quality）」を発表した。「睿視」とは中国語で「賢いテレビ」という意味だそうだ。「Product（製品）」は、人工知能（ＡＩ）を搭載し、見る人の好みに合わせ番組を勧める機能や、買い物などのネットサービスを音声認識でできる液晶テレビである。狙いは、地方都市でも増える「上位中間所得層」である。

さらに、「高所得層（富裕層）」向けの高級ブランドを設定した。８Ｋなどの高級機の新ブランド「曠視（こうし）」を展開し、テレビ事業の高付加価値化を加速するとのことで、シャープは、「中国市場における事業戦略」を大転換したことがわかる。

ブランド・工場買戻し欧州テレビ市場への再参入

戴社長は、社長就任後直ちに、海外事業の強化に向けて動き始めていた。

シャープは、欧州のテレビ事業では、スロバキアのＳＵＭＣ社、米国では中国の海信集団（ハイセンス）にブランドを売却していた。ブランドを売らなければならないほど困窮していたのだ。

戴社長は、就任４か月目の２０１６年12月22日に、早くもＳＵＭＣ社の過半の株式を取得し子会社化すると共に、その親会社とも提携した。

ＳＵＭＣ社は、シャープブランドと共に、シャープの旧ポーランド工場も保有していた。このため、買収によって、ブランドと共に、生産工場、およびＳＵＭＣ社が有する営業販売力も手に入れた。ＳＵＭＣ社は年間約２００万台のテレビを売っていたが、シャープ製の高品質液晶パネルをあまり使っていなかった。この買収によって、ＳＵＭＣ社製テレビにシャープ液晶パネルを採用させることができるようになったため、シャープのブランド力向上とシャープ液晶パネルの拡販にもつながる。

その結果、2017年9月にドイツのベルリンで開催された「国際コンシューマ・エレクトロニクス展(IFA)」において5年ぶりの出展を果たすことができた。

海信集団からブランド買戻し北米テレビ市場への再参入へ

シャープは、経営危機によって2015年に北米でのテレビ事業からの撤退を決めたが、中国に次ぐ米国市場へ再参入して、テレビ販売に再度乗り出したいと考えている。

2015年、中国電機大手の海信集団(ハイセンス)に、米国での「シャープ」や「アクオス」等の商標の使用権を、翌2016年から5年間の計画で供与し、自社ブランドで販売できなくなっていたのだ。

2016年に鴻海の傘下になると、米国市場再参入のため、ブランドの買戻しに動いた。鴻海は、米国ウィスコンシン州に液晶パネル生産工場の建設を進めている。シャープは、その鴻海の米国液晶工場の稼働を睨んで、米国市場に再参入して、現地生産や市場開拓やブランド力回復に取り組む計画である。

しかし全てが順風満帆というわけではなく、2017年以降は、特許侵害で、ハイセンスを訴えるなどして両社の関係は悪化していた。2017年末に、シャープが全ての訴えを取り下げたことで、環境は改善した。

そこからは更に良いことが起こった。2018年2月28日、ハイセンスが東芝とテレビ事業を買収する契約を締結したのだ。東芝の子会社の東芝映像ソリューション株式会社（TVS）の株式の95%を取得し、残り5%は東芝が保持を継続する。ハイセンスに譲渡されるTVSの事業は、生産、研究開発、営業機能と共に、東芝ブランドを40年間、欧州、東南アジア、その他で使用できる権利を含んでいる。

幸いにも、ハイセンスが、テレビ関連の東芝ブランドを手に入れたことで、シャープは北米市場への再参入の交渉が加速した。まさに「棚からぼた餅」である。

余談になるが、ハイセンスの周厚健会長は次のように述べている（日経産業新聞2018年4月12日）。

「東芝のテレビ事業には素晴らしい3つの価値がある。第1はブランド力、第2は技術力、第3は海信と補完関係を持つことだ。1年で黒字転換するのが私の希望だが、3年以内の黒字転換は必須だ」

鴻海がシャープに投資した理由と黒字化の見解が、この事例と完全に重なり合うのは、興味深い。今後アジア企業間の「国際提携」がますます進むものと考える。

新興国・途上国展開への課題

経済産業省は、新興国・途上国の役割の拡大を『通商白書2018』で、次のように述べている。

「名目GDP（国内総生産）に占めるシェアは依然先進国の方が上回るものの、世界の経済成長への寄与という面から見ると、特に2000年代以降新興国・途上国の世界の成長に果たす役割が益々大きくなっている」

特に、中国はGDP世界2位の経済大国で重要あると述べており、日本企業も非常に力を入れてきた。

経済産業省は、2012年に『新中間層獲得戦略～アジアを中心とした新興国とともに成長する日本～』という報告書を出した。この報告者書によると、2010年から2030年までの推計では、上位中間層は2・5億人から8・9億人へと爆発的に増大すると見込でいる。ちなみに、所得層の定義は、次のようになっている。「高所得層」35、000ドル以上、「上位中間層」15、000ドル～35、000ドル未満、「下位中間層」5、000ドル～15、

000ドル未満、「低所得層」5・000ドル以下。

シャープは、この「上位中間層」向けに「睿視（ロイシー）」、「高所得層（富裕層）」向けに「曠視（こうし）」ブランドを創出した。

しかし、私が注目するのは「下位中間層」と「低所得層」である。2020年には、総人口40億人に対して、「下位中間層」が15億人で38％、「低所得層」が16億人で40％である。「下位中間層」と「低所得層」を合計すると、31億人と78％となり4分の3以上を占める。「テレビ1000万台」を低価格販売に頼らずに達成するには、「下位中間層」と「低所得層」をターゲットとした商品開発とブランドの創出が必要と考えている。

戴社長と面談した際、液晶テレビ1000万台計画を達成するには、新興国向けの液晶テレビを共創する必要があるのではと尋ねた私に、戴社長から返ってきたのは「開発スピードが遅い。このため、国内と国外の組織に分ける計画です」であったことは第1章で述べた。

シャープが2016年9月20日に開いた製品説明会で、テレビ1000万台計画と共にと、「シャープと鴻海が共同開発するテレビを2016年内に発売予定」と発表した。その後、シャープの動向を注視していたが、新しいテレビが開発されたという情報はキャッチできなかった。このことを、戴社長は「開発スピードが遅い」と言ったのではなかったか。また、「睿視（ロイシー）」と「曠視（こうし）」は、AIと8Kのシャープ技術を活用した高機能テレビである。中国の顧客ニーズに合わせた「ローカルフィット商品」ではない。このためこれらが、「シャープと鴻海が共同開発したテレビ」であるかどうか、判断できない。

だが、私としては、シャープの技術開発力と鴻海のマーケティング力と生産力の強みを活かした、「下位中間層」と「低所得層」向けの商品開発に期待している。

第9章

シャープ・鴻海連合が直面する死活問題

増資中止で「有言実行」できない戴社長

シャープは、「公募増資」を中止すると2018年6月29日に発表した（日本経済新聞2018年6月29日）。

株主総会で約束した「公募増資」をひるがえして、戴社長が信条とする「有言実行」ができなかった。これが、戴社長の「日本型リーダーシップ」に影を落とす結果となった。

この「公募増資」は、約2000億円の資金を調達して、取引銀行が持つ「優先株」の買い取りを行う目的であった（第6章表6－1参照）。

シャープは液晶パネル事業などの苦戦が響き、財務体質の悪化で資本増強を迫られ、2015年6月に「債務の株式化」（デット・エクイティ・スワップ（DES））と呼ぶ方法で、債務を優先株に振り替えていた。つまり、DESとは、銀行からの借入金である有利子負債を、「優先株式」にして資本金に振り替えることだ。借入でなくなるので利子を払わなくてよくなるという、銀行による救済策だ。

「優先株」は取引銀行のみずほ銀行と三菱UFJ銀行が保有している。優先的に高い配当が払われる上、普通株への転換や買い取りを将来要求できる権利がついており、意図しないタイミングでの株数増加や資金流出につながる可能性がある。財務状況の回復により、ＤＥＳに応じてくれた銀行への約束を果たすと共に、不安定化を解消することが目的であった。

しかし、米中貿易摩擦への警戒感と、増資による新株発行によって1株当たり利益の希薄化を懸念して、シャープ株は大きく下落した。この状況で増資を実行すれば、既存株主の利益を損なうと判断した結果、「公募増資」中止の決定を下したのである。

増資中止の発表を受けて、東京株式市場でシャープ株は急反発し、一時前日比18％高まで上昇した。

そこで私が懸念したのは、「有言実行」ができなかった戴社長の「日本型リーダーシップ」に影響が出るのではないかということだった。

シャープは銀行への約束を果たすため、手元資金で「優先株」約８５０億円分を買い入れ消却すると、２０１８年10月30日に発表した。今回は「優先株」の46％を取得することとなる。

ひとまずは、戴社長の「日本型リーダーシップ」への影響は避けられることになった。

外国人労働者３０００人雇い止めで亀山工場危機

シャープ躍進のきっかけとなった「亀山工場（三重県亀山市）」において、外国人労働者の

「雇い止め」の問題が発生した（日本経済新聞2018年12月4日）。

シャープ亀山工場では、2017年11月発売のアップル社「iPhone X（テン）」で、新たに採用された顔認証用のセンサー部品の組立を受注していた。そのため2017年夏以降、多くの「外国人労働者」を雇用していたのだが、工程が複雑で作業は難航し計画通りの出荷ができなかった。アップル社は、発売開始日に多数の商品をそろえて一気に販売する戦略であり、リスク回避のために同一部品を数社から購入する「マルチベンダー」方式を取っている。それでも、センサー部品の納期が遅れ、発売当初に「iPhone X」の製品が不足してしまうという非常事態に陥る可能性があった。アップル社にとっては、売る商品が無いという死活問題である。鴻海にとっても、売上の5割超をアップル社に依存している以上、絶対に看過できない大問題である。シャープは、出荷数を増やすため、多くの「外国人労働者」を雇用し、人海戦術で対応した。その結果、2017年末頃には4000人規模に拡大した。

しかし2018年に入ると、鴻海はセンサー部品の生産を、亀山工場から中国に移すことを決断。その結果、2018年夏ごろまでに、工場労働者は500人程度にまで減少した。

それによって雇用を失った労働者は、国内での就業資格を持つ「日系外国人」が大半で、その数は3000人以上にも上った。

この問題に関して「外国人就労」と「異文化理解」の視点から述べておきたい。

まず「外国人就労」だが、日本政府は政策として、外国人労働者の受け入れ拡大を現在進めている。人手不足が深刻な5業種を対象に2019年4月に新たな在留資格を設ける。原則認めていなかった単純労働に門戸を開き、25年までに50万人超の就業を目指すこととなっている。

「日系外国人」は、1990年に、3世までを対象に「日本人の配偶者等」「定住者」といった在留資格で受け入れが始まった。仕事内容などに制限がなく日本人と同様に様々な分野で働くことができる。厚生労働省によると2017年10月時点で日本には約128万人の外国人労働者がいて、ブラジルとペルー国籍の人を中心とする「日系外国人」が11％を占めていた。「技能実習生」や「留学」の場合は仕事内容が制限される。私は、大分県別府市にある立命館アジア太平洋大学で教鞭をとっているが、学生数約6000人中、約3000人が留学生だ。「留学」の場合、原則として1週28時間までに就労が制限されている。

このように「日系外国人」には、就労活動に制限はなく、雇用する方も使いやすい。「日系外国人」は、シャープによる直接雇用ではなく、3次下請け派遣会社を通じて、1～2か月単位の雇用形態で契約を結んでいたという。

シャープの社長室広報担当は、「シャープは1次請負先と業務委託契約を結び、生産を発注していた。そのなかで法令の順守も求めていた」とコメントした。

外国人労働者の受け入れ拡大が進む状況では、種々の形態の「外国人就労」が多くなってくるため、「外国人就労」のシステムをよく理解した上でひとりの「人間」として対応する必要がある。

そしてもう一つは、「異文化理解」の問題である。

シャープは、人海戦術を取って「外国人労働者」の雇用を急激に増やしたが、中国に移す決断の直後から急減させている。雇用の急増と急減は、中国では通常の対応かもしれないが、日本では、「日系外国人」と「派遣」という形態を利用した少ない事例である。違法ではないが、適切な対応には「異文化理解」が必要と感じた。

このシャープの亀山工場での一件が思わぬ形で波紋を広げ、その影響は中国の工場にまで及んだ。亀山工場におけるアップル社「iPhone X」のセンサー部品の良品率が低かったことが、中国の鴻海工場の「過重労働」を招く結果となったのである。

鴻海中国工場で「過重労働」から炎上

米アップルの最新型スマホ「iPhoneX」を生産する中国の工場で、学生が社内規則で定めた上限時間を超えて働くなどの「過重労働」を余儀なくされた（日本経済新聞２０１７年11月22日）。

中国中部の河南省、鄭州にあり、世界のiPhoneの約半分を出荷するといわれる鴻海の中国子会社、富士康科技集団（フォックスコン）の巨大工場で、問題は起こった。

学生は「実習生」として専門学校などから数千人が駆り出されているというが、就業規則では実習生は1週間の労働時間は40時間を超えてはならないと定められている。その一方で鴻海の工場での実習が学校のカリキュラムに組み込まれており、学生によると「実習を終わらせないと学校を卒業できない」ということになっているという。

亀山工場でセンサー部品の良品率が低かったため、中国での量産が滞り、鴻海は遅れを取り戻そうと9月後半から一気に生産速度を上げたことが、「過重労働」の原因となっている。

また、別の鴻海の中国工場でも「過重労働」の問題が持ちあがっている（日本経済新聞２０１８年6月11日）。

米国アマゾン・ドット・コムのＡＩスピーカー「エコー」を生産する鴻海の衡陽工場（中国湖南省）で、月80時間以上の時間外労働を要求されるケースが見つかった。

この問題は、米国ニューヨークのメディアが6月10日付で指摘していた。中国の労働法では、1か月の時間外労働を計36時間までとしており、これに明確に違反している。また、安全訓練が十分でないといったことなども問題となった。

アマゾンは既に鴻海に是正を求めており、鴻海は全面的な調査に着手しており問題が見つかれば是正するとの声明を出した。

鴻海は、株主総会を、シャープ株主総会2日後の2018年6月22日に、台湾北部の新北市の鴻海本社で開催した。この株主総会で、鴻海に巨額を投資している英国機関投資家が、中国の工場での「過重労働」を問いただした。

郭董事長は「大部分（の従業員）は自ら残業を望んでいる」と言い切った。また、上限を36時間とする制度は「不合理だ」とし、改正される見通しと主張した。

鴻海は、8年以上前の2010年頃にも、重大な労働問題を起こしていた。

2010年頃の鴻海の連続自殺事件の衝撃

2010年頃に発生した鴻海の重大な労働問題について、熊本学園大学の喬 晋建教授に、2016年12月15日にインタビュー調査した。喬教授は、CSR（企業の社会的責任：Corporate Social Responsibility）の視点から鴻海の経営と戦略を研究して、書籍『覇者・鴻海の経営と戦略』（ミネルヴァ書房、2016年3月20日）にまとめておられる。

意見交換したのは、鴻海の深圳工場での連続飛び降り自殺事件で露見した鴻海の労働問題についてである。

２０１０年1月23日から5月27日に、計13名の従業員が、鴻海の深圳工場や社員寮から飛び降り自殺を図る事件が起こった。この事件は、中国国内および世界で注目される大事件となった。

喬教授の見解は次の様である。

「自殺の動機と真相は完全には解明できなかった。このため、企業側への不満が自殺の原因であるとは断言できない」

鴻海は、イメージを改善して、従業員を引き付ける対策を行った。

「一つは、大幅な賃上げに踏み切ったこと。基本給を、深圳市の法定最低賃金同額の９００元から１２００元に、２０１０年６月２日に引き上げた。さらに数日後の６月７日には２回目の賃上げを発表した。２０１０年10月１日から基本給を１２００元から２０００元に引き上げると予告した。」

これは、フォード自動車が、世界初の自動車の量産ラインの労働者の離職を防ぐため、基本給を2倍の5ドルにした対策と酷似している。

「二つ目は、二交代制を三交代制にした。深圳工場では、8時から20時、20時から8時までの、二交代制を取っていた。実質的に12時間労働をさせる結果となる。日本では労働基準法違反となるが、中国では規則が整備されていなかった。休みも２週に１日が普通であった」

「三つ目は、残業を４時間に制限した。２００９年11月のある従業員の給与明細では、基本給９００元、残業１３５・５時間で、平日残業60・５時間の報酬４６９元、土日残業75時間の報酬７７６元。つまり残業代は給与総額の６割を占めていた。基本給は上がったが、残業が減ったため手取り収入は少ししか増えなかった」

「かって鴻海は労働条件の良い工場として知られていた。周辺の他工場と比べて生活条件も収入もよいという評判が広がり、鴻海の求人に大勢が殺到していた。また、対策の結果、企業イメージが改善した。２０１３年から鴻海の人気が復活し、従業員の定着率が大幅に向上しているようである」

つまり鴻海は、周辺の工場よりも、良い条件と環境であり、人気があった。

鴻海は、ＥＭＳ以外の事業への進出を行っているが、必ずしもうまくいっていなかった。その理由について質問し以下のような回答を得た。

「提携相手の選択が課題だ。ＥＭＳはＢ２Ｂ（企業間取引：Business to Business）のビジネスであり、Ｂ２Ｃ（企業と消費者取引：Business to Consumer）への進出でつまずいた。シャープと組んでＢ２Ｃをやろうとしている」

鴻海がシャープと組んで、本格的にＢ２Ｃに挑むことになる。

「iPhoneショック」で鴻海、10万人削減

「iPhoneショック」が起きて、鴻海に大きな影響があった。

米国アップルは、２０１８年10月に発売した新型「iPhoneX（テン）R」の増産中止を、１か月後には鴻海に要請した（日本経済新聞２０１８年11月６日）。

鴻海はＸＲのために60近い組立ラインを用意していたが、そのうちの45ラインほどしか稼働していなかったという。アップルは、これ以上の増産は不要と伝えた。

郭董事長の経営を「規範破壊経営」と言ったが、規範を知った上で、あえて規範を破壊して行く経営だ。非常に大きなリスクを取り、60近い組立ラインを用意したが、45ラインほどしか稼働せず、大きな打撃を受けた。

そして、米国アップルは「iPhone」の新型３種機種の生産台数を、２０１８年１月～３月に当初計画から10％程度減らすとした。スマホの２割を販売する中国市場において、２０１８年10月～12月期の売上高が６四半期ぶりに減少に転じ、全体でも９四半期ぶりの減収となる見通しである。

アップル株は、2018年10月の最高値から35％下げ、鴻海も26％下げた。「iPhone」の売上高だけで、年間約18兆円にも上ることから、世界的に「アップル関連銘柄」の株価は大きく下落した。

「XR」は、9月に先行発売された「XS」に比べてやや価格が安いことから期待されていた。しかし、「XR」（128ギガバイト）の中国の価格は6999元（約10万9、000円）である。華為技術（ファーウェイ）など中国企業の最新機種は3000〜4000元であり、半値に近い安さだ。

この「iPhoneショック」のため、鴻海は2018年末までに、10万人規模の人員削減を計画した。鴻海は、2018年11月末時点で、シャープなどの傘下企業を含め110万人の従業員を擁しており、約1割程度の人員削減となる。

「iPhoneショック」はなぜ起こったのか？

それでは「iPhoneショック」はなぜ起こったのか？

鴻海は、郭董事長の「規範破壊経営」により、アップル商品の生産の多くを担い、アップルの「ビジネスモデル」に強く依存して利益を上げてきた。しかし、そのアップルの「ビジネスモデル」自体が危機に立っている。

アップルは、「差別化戦略」を取っている。「差別化戦略」とは、マイケル・ポーターによって提唱された競争戦略のうちの一つで、競合他社の商品と比較して機能やサービス面において差異を設けることで、競争上の優位性を得ようとするものである。

アップルは、「あこがれの高級ブランド」で差別化している。その方法として、「あこがれの商品」を「世界で同時販売」し、ブランドイメージを上げながら、高価格で大量に販売している。アップルは、「あこがれの商品」を「構想力」によって創造しているのである。部品は、自社で研究・開発せず、部品メーカーに依存している。これが弱みにもなっている。また、「世界で同時販売」するので、部品供給のトラブルのリスクを回避するため、同一部品を数社から購入する「マルチベンダー」方式を取っている。

これらの部品を、ＥＭＳが組み立てる。郭董事長の「規範破壊経営」により、無理をしてでもアップルの意向に合わせたことから、アップルのＥＭＳの仕事の大部分を鴻海が請け負っている。また、販売に関しては、アップルショップでも販売するが、docomo、au、ソフトバンク等の携帯電話通信事業者（キャリア）が販売する方式を取ってきた。iPhoneは非常に高額であったが、日本では、携帯端末の機器代金を通信料に上乗せして、いわゆる実質「０円販売」を行って、高額であることに対する消費者の心理的抵抗を抑えてきた。

しかし、2018年からアップルがiPhoneに有機ELパネルを採用することを発表して、この状況は一変した。

それまではサムスンだけが自社製有機ELパネルをスマホに採用していたところに、アップルがライバルのサムスンから有機ELを購入するという裏技を取ったのである。

アップルは、それまで部品供給のトラブルのリスクを回避するため、ずっと「マルチベンダー」方式を取ってきた。その「マルチベンダー」方式を止めてまで、サムスン一社から有機ELを調達する「シングルベンダー」方式を取った。

有機ELの進化は、平板からカーブド（Curved、湾曲した）、フォーダブル（Foldable、折り畳み式の）、ローラブル（Rollable、巻取り式の）の段階を経て進化していくものと予想される。サムスンは、既に有機ELを「湾曲」させて、スマホの側面にまで映像を表示する技術を持っていた。

ということは、アップルがわざわざ有機ELを採用するのであるから、最低でも「湾曲」、もしくは「折り畳み式」以上にならないものかと密かに期待を寄せていた。しかし私のこの期待は見事に裏切られた。アップル初の有機ELスマホは、ただの「平板」だったのだ。「顧客の価値」を満たさず、「価格」だけが高かった。いや、高すぎた。有機ELは、黒が沈み込んで発色がきれいであるが、スマホでは画面が小さいためテレビほど高画質を要求されていない。それでいて有機ＥＬパネルの価格は、液晶パネルの倍以上に上る。

日本のキャリアの店頭で調べると、アップルが２０１８年9月に発売した有機ＥＬ採用のスマホＸＳは、64ＧＢで13万6、８００円、２５６ＧＢで15万5、０４０円であった。これに対して、２０１８年10月に発売した液晶を用い安価にしたスマホＸＲは、64ＧＢで10万6、５６０円、２５６ＧＢで11万2、８００円であった。アップルの旧型で型落ちのiPhoneなら更に安く買える。さらに中国の安価携帯メーカーの廉価モデルだと約半値で買える。ちなみにシャープの自社製有機ＥＬを採用したモデルであれば、１２８ＧＢで9万9、８４０円と安く、また世界最軽量であった。

顧客の選択肢は増えている。

液晶スマホＸＲの発売から1か月後、NTT docomoは端末価格が3割安くなるプランを新設した。

また、外部環境として世界的にスマホ市場が飽和状態に近づきつつあるという現実がある上に、人件費高騰と不動産バブル、米中経済戦争により、中国経済は確実に減速している。日本では、通信代と端末代を分ける「完全分離」が進行中である。「完全分離」が進むと、端末代の高いiPhoneは売れなくなる。

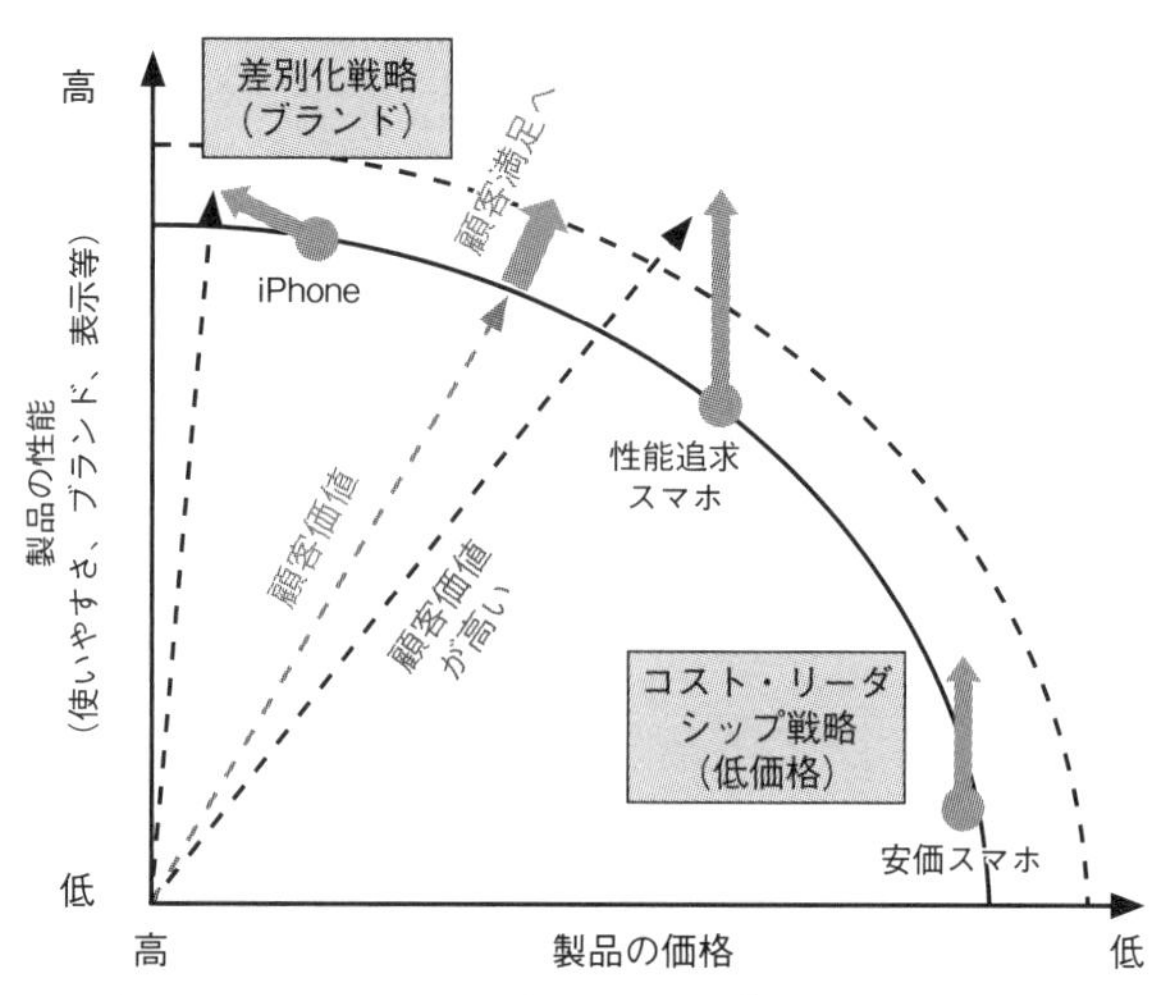

図9－1　曲がり角にきたアップルの「ビジネスモデル」
(著者作成)

顧客は「あこがれの高級ブランド」に対して、幾らまで、そしていつまで追加の費用を払うのか——。

この「iPhoneショック」の概念を、図9－1で説明しておく。

この図では、使いやすさ、ブランド、表示等の「製品の性能」を縦軸、「製品の価格」を横軸に示す。右に行くほど価格が「安くなる」ように座標を取っている。だから、原点から離れるほど、価格も安く性能も良く、顧客にとって「良い」状態である。逆に言えば、原点から同じ距離にあれば、顧客にとって同じ価値を持つ。「iPhone」は、高いブランド力と高性能で「差別化戦略」を取り左上に位置する。「安価スマホ」は、性能は良くないが価格を抑えた「コスト・リーダシップ戦略」を取り右下に位置する。

「iPhoneX」は、性能向上より価格上昇が大きすぎ、「顧客価値」はあまり上がっていない。これに対して、日本のスマホは、性能を追求して、より「顧客価値」を上げて「顧客満足」につながっている。

アップルの「ビジネスモデル」は曲がり角にきている。「ブランド力」以上に「価格」を高くしすぎた。これが「iPhoneショック」が起こった理由である。

鴻海は、アップルに依存して発展してきた。しかし、今後の安定的な発展のためには、アップルへの依存度を下げる必要がある。鴻海とシャープの提携は、ＥＭＳから、より川上のディスプレイや家電製品の研究・開発、そしてより川下のＢ２Ｃの家電販売に事業を広げられる。つまり鴻海は、シャープとの提携を実現したことによって、アップルへの依存度を下げることができ、そのぶん今後の展望がより大きく開けたと言える。

第4部 大転換するアジアの「ものづくり」

第10章 鴻海・シャープ連合で三兎を追う「規範破壊経営」

米中で三兎を追う3兆円工場投資計画

「二兎を追うものは一兎も得ず」――これは常識である。

その常識や規範を敢えて破壊しながら前に進んでいく郭董事長は「三兎」を追った。

「三兎を追うものだけが三兎を得る」

これが、郭董事長の「規範破壊経営」ではないか。

その三兎とは、米中でそれぞれ1兆円を超える液晶と半導体工場への投資計画である。

この総額3兆円の工場投資計画を表10-1に、工場位置を図10-1、2に整理してまとめておく。

最初は、中国の習近平国家主席の提唱する「中国製造2025」の象徴となる、世界最大の10・5世代の液晶工場への投資である。広州に総額約1兆円を投資して建設する計画だ。

米中が知的財産権を巡って激突する「ハイテク戦争」が起こっている。貿易収支の改善を目指す「貿易戦争」よりも、知的財産権によるハイテク覇権の奪い合いがこの戦いの本質である。その最中、郭董事長は中国と同時に米国への接近を敢行した。「米国第一」主義のトラン

表10－1　鴻海の米中での液晶・半導体工場投資計画

場所	国	中　国		米　国
	地域	広　州	珠　海	ウイスコンシン州
工場の種類		液晶工場	半導体工場	液晶工場
総投資額		610億元（約1兆円）	約1兆円規模？	100億ドル（約1兆1千億円）
スケジュール		2017年着工 2019年本格稼働	2018年8月検討開始	2018年着工 2020年頃本格稼働？
計画	サイズ	10.5世代	300㎜	10.5世代⇒6世代
	材　料	a-Siと酸化物TFT	Siウェハ	a-Si TFT？
スローガン		「中国製造2025」	中国「自前半導体」	「アメリカ第一」
指導者		習近平主席		トランプ大統領

（著者作成）

プ大統領率いる米国に食い込むためだ。そして鴻海は２０１９年２月１日、ウィスコンシン州に液晶パネル工場を建設する計画を予定通り進めると改めて発表した。

液晶工場は、現在は、日本、韓国、台湾、中国のアジアにしかない。この工場建設で、最大１万３０００人の雇用を生み出す計画だ。

さらには中国の珠海に半導体工場を建設する計画が持ち上がった。「中国製造２０２５」の実現に必須の半導体素子を、中国が自前で製造したいためである。

もちろんこれらの投資計画は、シャープが保有する技術をあてにするものであり、鴻海・シャープ連合なくしては成り立たない。

その背景となる、中国が「製造強国」を目指す国家戦略「中国製造２０２５」、そしての３

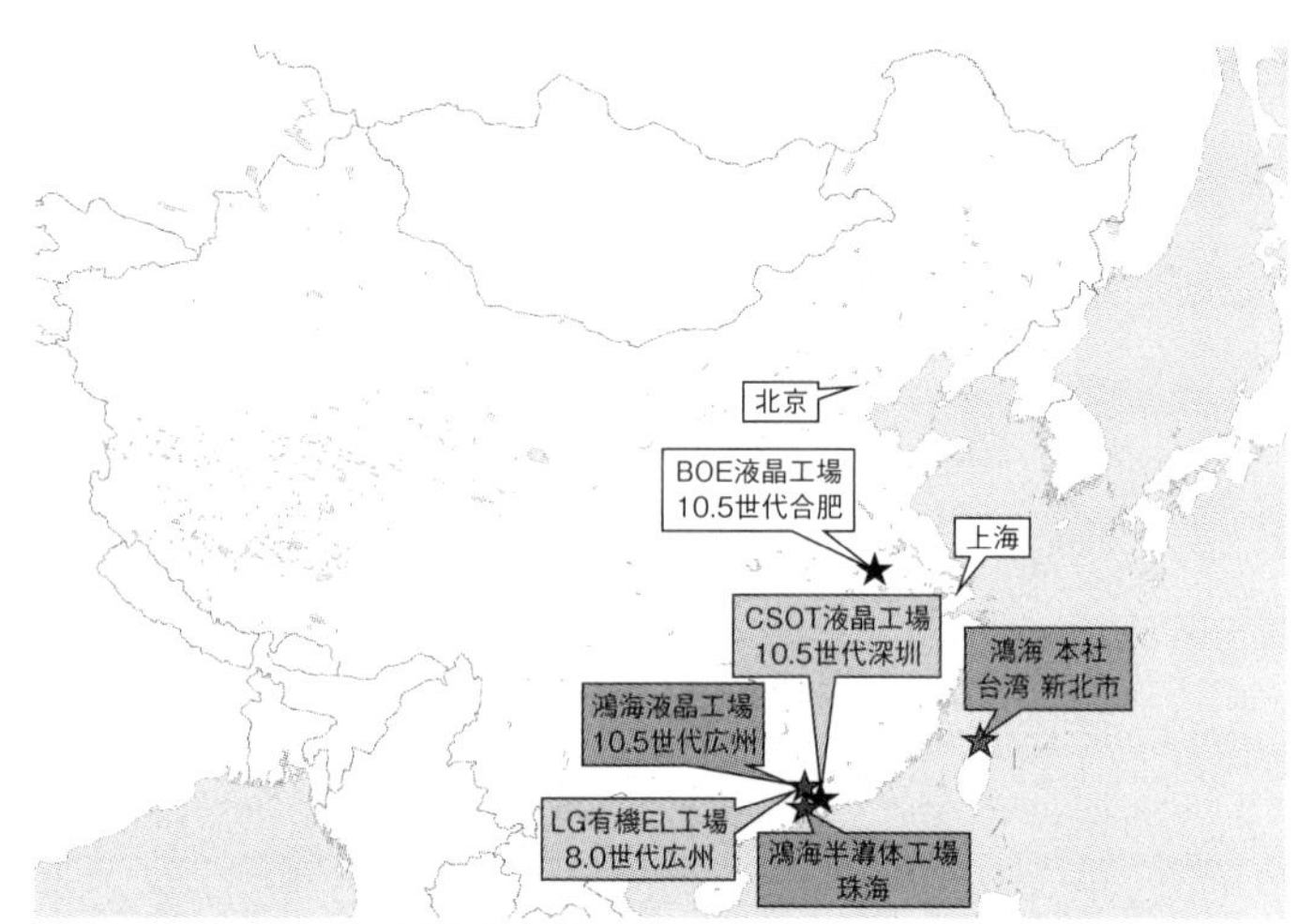

図10－1　中国での鴻海等の大型液晶工場と半導体工場投資計画
（著者作成）

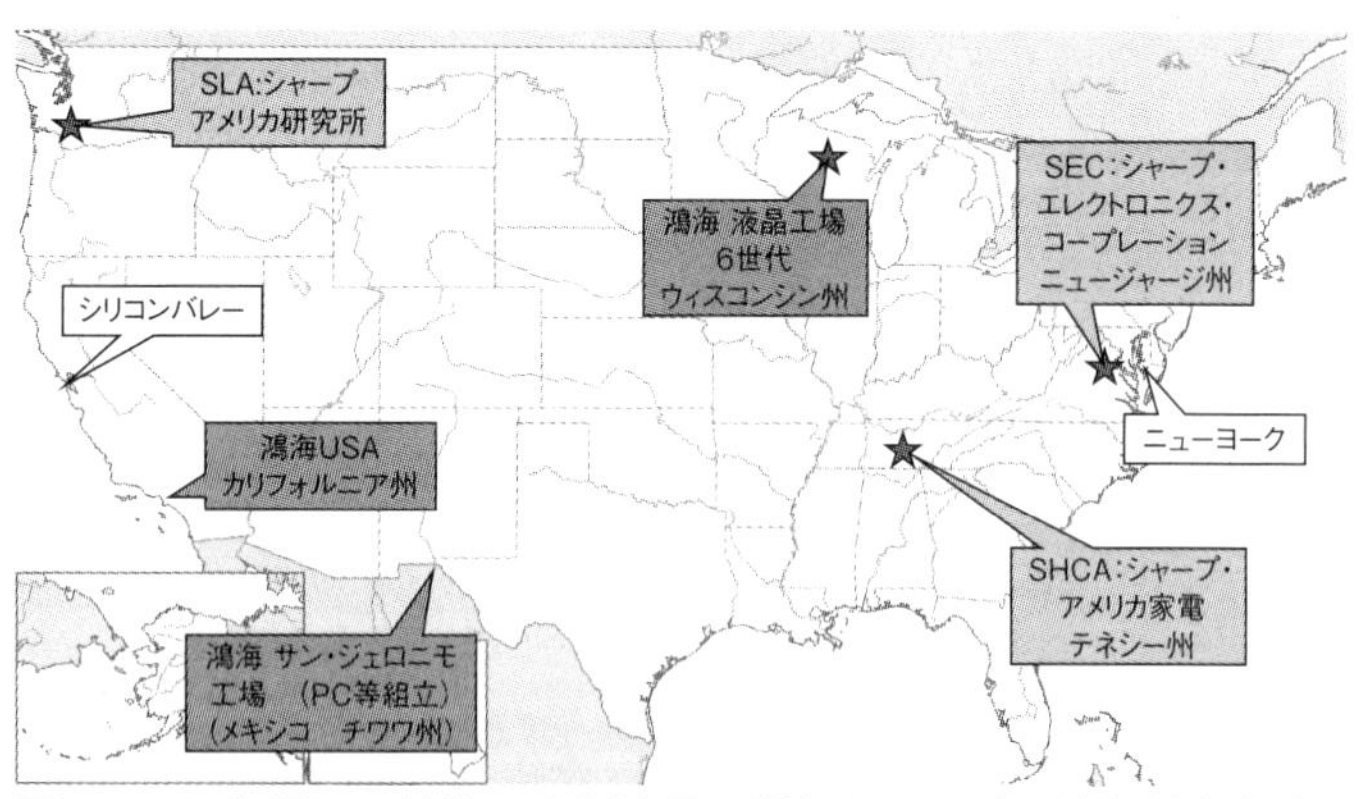

図10－2　米国での鴻海の大型液晶工場とシャープ・鴻海関連会社
（著者作成）

つの工場投資計画の詳細をこれから順次述べていこう。

「中国製造2025」で「製造強国」へ

中国国務院（日本の内閣府に相当）は、「中国製造2025」を、2015年5月8日に公表した。中国の国内製造業の競争力を強化するための、中長期的な国家戦略・産業政策である。中国を2025年までに「製造大国」から「製造強国」へ転換することを戦略目標に挙げている。

中国は「世界の工場」として「製造大国」になった。

しかし、中国の製造業の競争力は、相対的に低下してきている。2000年以降、中国では賃金が上昇し続け、低賃金・低コストの優位性が低下してきている。これに対して、インドやベトナムなどの後発新興国が、低賃金と豊富な資源で、世界から製造業を呼び込んでいる。

また、中国はイノベーションを起こす力が不足し、コア技術や先端設備では、海外の先進国に依存しているものが依然として多い。

技術力でリードする先進国と、コストの優位性で追いかける後発新興国に挟まれるというサンドイッチ状態で、いわば「サンドイッチ中国」と言えよう。

サムスンの李健熙（イ・ゴンヒ）会長が、2007年1月25日、記者会見の席上で「韓国はサンドイッチだ」と発言した。時代は回りまわって、中国がサンドイッチ状態となった。

この先進国と後発新興国に挟まれた「サンドイッチ中国」を打開し、「製造大国」から「製造強国」への転換を図る国家戦略・産業政策が「中国製造2025」である。

2025年までに「製造強国」の仲間入り、2035年までに中レベルの「製造強国」、2045年までに「製造強国」の先頭グループへと、3段階で「製造強国」へ移行する計画だ。「製造強国」の実現に向けて、中国国務院は五つの基本方針を挙げている。（1）イノベーションの促進、（2）品質の向上、（3）環境への配慮、（4）構造調整、（5）人材育成である。

重点的に育成する産業分野として、次世代情報通信技術（ICT）、ビッグデータを活用する工作機械・ロボットの活用、先端設備、新素材、バイオ医薬などの10分野を挙げた。これら各分野ごとに、重点品目が決められ、その国産比率目標が定められている。

これらの重点分野のうち、鴻海・シャープ連合は、「次世代情報通信技術（ICT）産業」分野に深く関わっている。このICT産業分野では、重点品目として、半導体素子を用いた集積回路（IC）および専用機器、モバイル通信システム・端末、高性能コンピュータ・サーバー等が挙げられている。

これらの重点品目の国産比率の目標は、集積回路（ＩＣ）および専用機器では、２０２０年49％、２０３０年79％であり、モバイル通信システム・端末では、２０２０年75％、２０２５年80％である。

要するに、半導体を２０３０年、スマホを２０２５年までに、ほぼ国産化するという目標である。

「中国製造２０２５」で激突する米中「ハイテク戦争」

「中国製造２０２５」で激突する米中「ハイテク戦争」を象徴する事件が起こった。

２０１８年12月1日、華為技術（ファーウェイ）の孟晩舟（Wanzhou Meng・副会長兼最高財務責任者（ＣＦＯ）が米当局の要請によってカナダで逮捕されたのだ。ファーウェイは、「中国製造２０２５」の重要分野ＩＣＴ産業、特に次世代移動高速通信「５Ｇ」で世界のトップにあった。

米国のトランプ大統領と習近平（シー・ジンピン）中国・国家主席は、同じ日に、追加関税の発動猶予を決め、90日で知的財産権の解決策などをまとめることで合意した。その裏で、カナダでの逮捕劇が起こった。

米国は中国に、90日間の交渉で（1）技術移転の強要、（2）知的財産権の保護、（3）非関税障壁、（4）サイバー攻撃、（5）サービスと農業の5分野の協議をつきつけている。ファーウェイは、このうちの中国への技術移転の強要などを行ったとの疑念を持たれている。また、ファーウェイや中興通訊（ZET）の製品に、データを抜き取る装置が組み込まれているとして、安全保障上から米国政府内での使用が禁止されている。

習近平国家主席は、「中国製造2025」に則り、イノベーションの促進により中国を「製造強国」にしようとしているが、その一方で米国は、技術移転の強要や知的財産権の問題と共に、国家の補助金で競争をゆがめ、技術盗用で覇権を握ろうとしていると中国を非難している。

ファーウェイ副会長逮捕は、「中国製造2025」で激突する米中「ハイテク戦争」の象徴的事件だ。このような米中激突状態の中にあって、郭董事長は米中に同時接近しているが、これなどはまさに「規範破壊経営」の体現と言えるだろう。

鴻海・シャープ連合が中国で世界最大液晶工場

中国において現在、液晶に対する「爆投資」が進行中である。みずほ証券エクイティ調査部

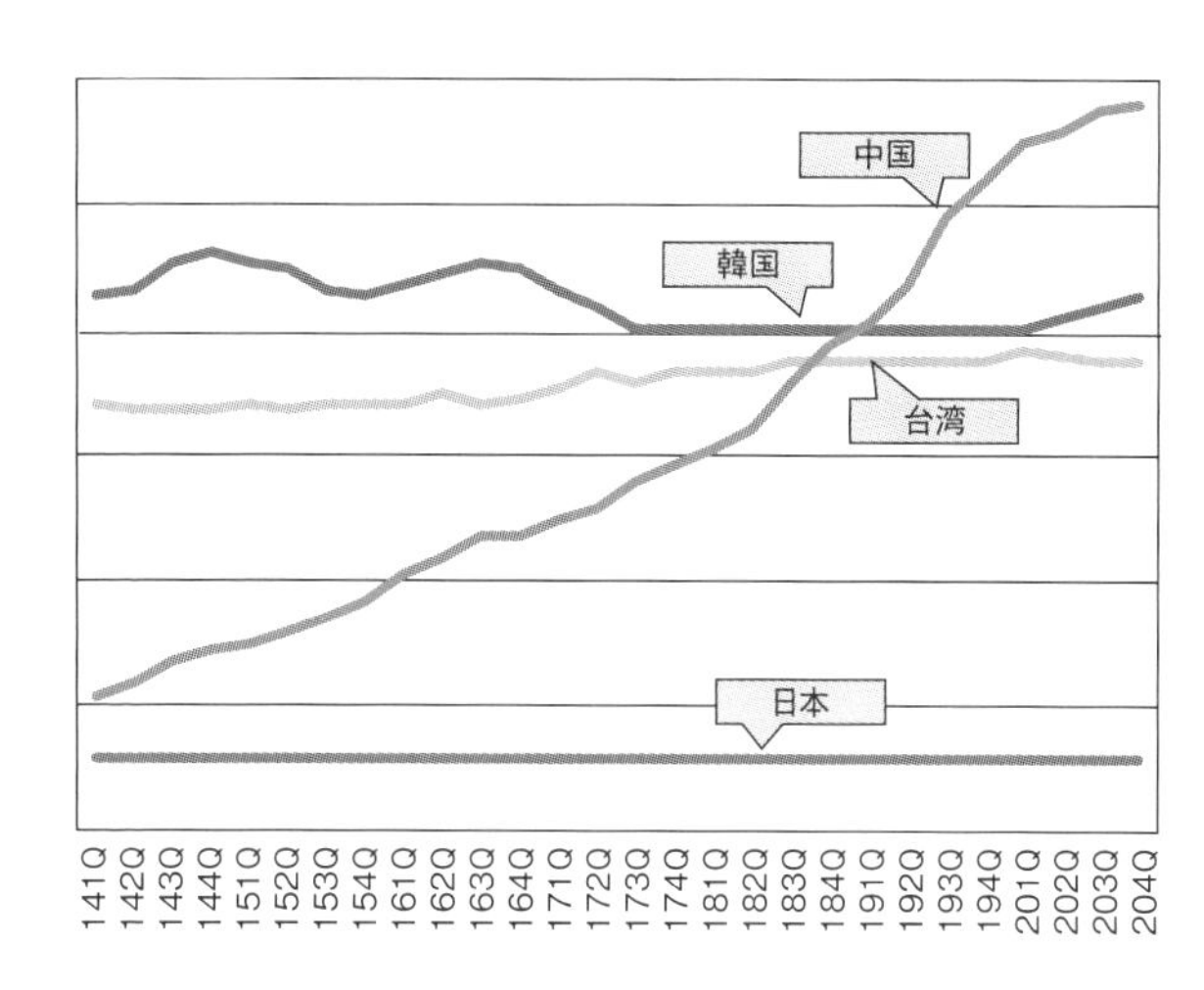

図10－3　大型液晶の国別生産能力の推移
(出展：みずほ証券 中根康夫氏のデータから著者作成)

シニアアナリスト、中根康夫氏のレポートに書かれている大型液晶の国別生産能力のデータを基に、中国の「爆投資」を図10－3に示す。

中国は、最大手の京東方科技集団(BOE)は17年1月の大・中型パネルの出荷枚数でLGディスプレイを抜き、初の世界首位となった。また、鴻海、BOE、CSOT(華星光電：Shenzhen China Star Optoelectronics Technology)が10・5世代の液晶工場などへ「爆投資」し、2017年に、韓国、台湾を抜き去って大型液晶生産能力1位となった。

日本は2002年から2003年にかけて、韓国・台湾に一気に抜かれたが、それから約15年を経て、今度は韓国・台湾が、中国に抜かれた。更に、「爆投資」が続き、中国が他国を引き離し断トツの1位となった。

日本はスマホ用の中小型が中心で、大型液晶に投資がされておらず、停滞が続いている。

こうした状況の下、鴻海とシャープが共同出資する堺工場運営会社、堺ディスプレイプロダクト（ＳＤＰ）が、中国の広州市政府と共同で、世界最大級の液晶パネル工場を新設することを、２０１６年12月30日に発表した。鴻海がシャープ買収を完了してから4か月半で攻めに転じたのである。

ＳＤＰと広州市政府は同日、共同で６１０億人民元（約1兆２００億円）の投資協定を結び、巨額投資を双方で負担する。

液晶パネル工場は、世界最大級の第10・5世代となる。２０１７年3月に着工、18年9月頃をメドに生産を開始、19年には量産に入る計画である。

生産する予定になっているのは、フルハイビジョンの16倍の解像度を持つ次世代の「８Ｋ」である。なお鴻海は、既にシャープからＳＤＰ株の一部を引き取り子会社化している。

そして、計画通り２０１７年3月1日に、液晶パネル工場の起工式を行ったわけだが、ここで10・5世代を生産する広州工場と、10世代の堺工場の仕様と外部環境を比較してみる。

ガラスサイズは、10・5世代が２９４０×３３７０㎜、10世代が２８８０×３１３０㎜と、面積は約10％増加している。

競争相手との外部環境は、堺工場の10世代の場合ではシャープ1社のみであった。前述のように液晶の場合、ガラス基板サイズが標準化されておらず「標準装置」というものはない。このため、シャープといえども、装置・材料・部材メーカー等に依存し、彼らの協力が得られなければ、工場設計、装置導入、材料供給、装置保守ができず、液晶パネルは生産できない。

そのため液晶産業では組織間の相互依存が強くて、「すり合わせ」が行われる。

亀山工場の強さの根源は、「『すり合わせ』を用いた『垂直統合型』ビジネスモデル」により、強い自社ブランド商品を創ったことであった（図5－1）。装置・材料メーカー等が、亀山工場の周辺に自社費用で工場を建設し「すり合わせ」を行っていたのである。堺工場では、シャープが整備した工場敷地内に、材料メーカー等が工場を建設し、「すり合わせ」を行っていた

10世代装置を使用するのはシャープ1社だったため、装置の開発費は1台の装置費に加算された。また、ガラス等のインフラも1社で整備する必要があった。この結果、総投資額が巨大になり危機に陥ったのである。

しかし、10・5世代の場合は、図10－2で示したように、BOEとTCLの子会社で中国2位のCSOT（華星光電）が先行して10・5世代の工場を建設している。

また、立地面でもこれらの会社と近接している上に、ガラスサイズは全く同じである。このため、「すり合わせ」の労力が大幅に軽減されるし、装置開発費の負担も軽減でき、インフラ整備も行いやすい。

図10－2から中国での大型液晶工場の立地を見ると、広州、深圳に集中する傾向がみられる。これは、液晶の生産に必要な材料・部材等のサプライチェーン（供給網）と関連する。それはつまり装置・材料等のサプライチェーンがなければ、液晶産業が成り立たないことを意味する。この液晶産業特有の産業構造が、中国の液晶工場を広州、深圳に集中させる理由である。

投資額では両工場とも総額1兆円程度であるが、広州工場は広州市政府も負担するので、企業負担は少なくなる。

以上述べてきたことを整理すると、10・5世代の広州工場の方が、10世代の堺工場より、工場の建設・運営が容易で、利益を出しやすい構造になっていると言える。

しかし、そこには幾つかのリスクも抱えている。

その一つが、「終身問責」である。2017年に開催された、5年に1度の「全国金融工作会議」で、隠れ借金は「退職後も死ぬまで責任を追及する」ことが決められた。これが「終身問責」である。この縛りが地方政府を委縮させ、インフラ投資の伸びを大きく低下させた。中には投資額が、10分の1以下に激減した市もある。この「終身問責」によって地方政府の液晶工場への投資が絞られる可能性は否定できないところである。

二つ目の大きな問題は、10・5世代の工場が三つ稼働すると、液晶パネルが供給過剰となり、需給バランスが破壊されてしまうということである。シャープの亀山工場と堺工場の液晶パネルの生産量1000万台でさえ、鴻海・シャープ連合でも正常に販売しきれなかったことを考えても、リスクを考慮して対応すべきであろう。

トランプ大統領に食い込む米国液晶工場

中国で液晶パネル工場に1兆円規模を投資する一方、鴻海は米国でもウィスコンシン州に、同規模の液晶工場の建設を計画（図10－2）。2018年6月28日に行ったその起工式には、トランプ米大統領も参加し、「州経済に年間34億ドル（約3760億円）貢献する計画だ」と述べた。なお、ウィスコンシン州は、工場建設にあたり、30億ドル（約3400億円）の補助金を出す。

郭董事長は、総額100億ドル（約1兆1000億円）を投じ、現地で1万3000人の雇用を生み出すと応じた。鴻海・シャープ連合は、当初は第10・5世代を液晶パネル工場の建設する方向で検討してきたが、液晶工場は現在、日本、韓国、台湾、中国のアジアにしかない。米国には液晶工場がないため、ガラスなどの、装置・材料等のサプライチェーン（供給網）を周辺地域に一から整備しなければならず、それがネックになっていた。そのため液晶パネル工場を早期に立ち上げるのは難しいと判断した。

調査会社IHS Markitの調べによると、65インチ液晶パネルを製造した場合のコストは、液晶用部材のサプライチェーンがない米国は中国に比べて5割も高くなるという試算が出た。シャープは、亀山工場で経験があり、世界で最も多く稼働して立ち上げやすい「第6世代」の設備を導入する方向に、起工式前に計画を変更。既に決定済みの事項でも、柔軟に「経済合理性」に則る経営判断が働いたのである。

また、鴻海は、米テレビ大手のビジオ（カリフォルニア州）に出資したことを発表。関係会社のパネル大手、群創光電（イノラックス）と共同で計約7000万ドル（約77億円）を投じる。液晶パネルの出荷先を確保する狙いである。しかし郭董事長は、起工式では、新工場の計画変更や投資減額には触れることなくトランプ大統領と握手を交わした。

郭董事長、ぶれる米戦略は「想定内」

しかし、液晶パネルのサプライチェーンの整備は想定以上に難航した。熟練労働者を十分に確保できなかった上に、液晶パネルの市況も悪化した。

また、鴻海の液晶パネル工場建設については、スコット・ウォーカー知事（当時、共和党）が、鴻海が負担する賃金の30％に相当する補助金、約3億5000万ドルを何年にもわたって支払うという好条件を約束して、ウィスコンシン州が誘致合戦に勝利していた。しかし、2018年11月の州知事選挙でウォーカー氏が敗れ、民主党のトニー・エバース氏が新知事に就任すると、鴻海への補助金支給が実行されるかどうか不透明になった。このため、鴻海は液晶工場の建設を実質的に凍結したのである。

郭董事長は、2019年2月2日午前、台北市内で行われた講演で次のように述べたという。

「昨晩トランプ氏から電話を受け、米国投資に期待していると言われた」

また、トランプ氏は「できる限りの協力」を申し出た上に、「中国との貿易協議は順調で、合意に達するだろう」と話した。

この一件で鴻海の「ぶれる米国戦略」と揶揄する向きもあるが、私は、郭董事長にとって「想定内」の戦略ではなかったのかと思う。

中国にも接近を試みている鴻海に対し、トランプ大統領から直々に米国投資のお墨付きと「6世代」への変更を追認してもらったことになるからだ。

また、今回の一件はウィスコンシン州による支援に関してもプラスに働く可能性がある。民主党エバース氏の新知事就任によって、鴻海への補助金支給の実現性が不透明になったとはいえ、民主党支持者の中にも鴻海進出による雇用創出に期待を寄せる層がある。今回のトランプ大統領の支援の再表明によって、エバース知事が鴻海に補助金を出す可能性が高まったという見方も当然できる。

郭董事長の「規範破壊経営」は、「バカな」と思わせるハイリスクの「規範破壊」的な提案をするだけでなく、その後で今回のような条件交渉によって、結果的に「なるほど」と思わせる「経済合理性」を追求する経営である。「バカな」と「なるほど」、つまりリスクの取り方と経済合理性の追求のバランスが絶妙なのだ。

鴻海が営業利益4割減、中国で巨額調達

鴻海の２０１７年12月期の連結決算は、純利益が１３８７億台湾ドル（約５０００億円）と、前の期に比べ比べ７％減った。２００８年のリーマン・ショック以来の９期ぶりの減益となった。本来の稼ぐ力を示す営業利益は36％減と、採算悪化が鮮明となった。鴻海だけでなく、ＥＭＳ（電子機器受託生産）産業が直面する「ＥＭＳ危機」である。ＥＭＳは、元々利益率が低いところに中国の人件費が高騰し更に苦しくなってきている。さらに「iPhoneショック」と米中「ハイテク戦争」による構造的な危機がある。

また、鴻海は米中の液晶工場へ巨額の投資を予定しているため、資本市場から資金を得る必要がある。そのため傘下企業を株式市場に上場することで資金を得ている。

鴻海は２０１８年６月８日に、中国の上海市場に中核子会社を新規上場させ、２７１億人民元（約４６００億円）を調達した。鴻海の中核子会社「フォックスコン・インダストリアル・インターネット」（ＦＩＩ）である。

ＦＩＩは、米アップルのスマホ「iPhone」の中国生産を担い、鴻海の純利益の約半分を稼ぐ中核企業だ。調達資金は生産ラインへの人工知能（ＡＩ）の導入などに充て、自動化によっ

て人件費高騰への対応力を高める。

また2018年9月18日には、事実上傘下にあるプリント基板を手掛ける鵬鼎控股（アバリー・ホールディングス）を、中国・深圳市場に新規上場。それに伴う公募増資で約37億元（約600億円）を調達した。

深圳が拠点のアバリーは、スマートフォン（スマホ）やサーバーなどのプリント基板を手掛け、米アップルも顧客だ。調達資金は江蘇省などでの増産に充てる。鴻海は台湾の関連会社を通じ同社に80・91％出資する。

鴻海・シャープ連合の中国「自前半導体」工場は可能か？

「中国製造2025」の命運を握るのは、中国の「自前半導体」である。

高度情報化社会において、「情報」を処理するのが半導体素子である集積回路（IC）なら、その処理された情報を人間が見えるようにする、いわゆるヒューマンインターフェイスが、液晶や有機ELのディスプレイである。つまり、半導体とディスプレイが、高度情報化社会を支えるキーデバイスと言えるのである。

「中国製造2025」の所でも説明したように、重点分野のICT産業の重点品目が、半導体

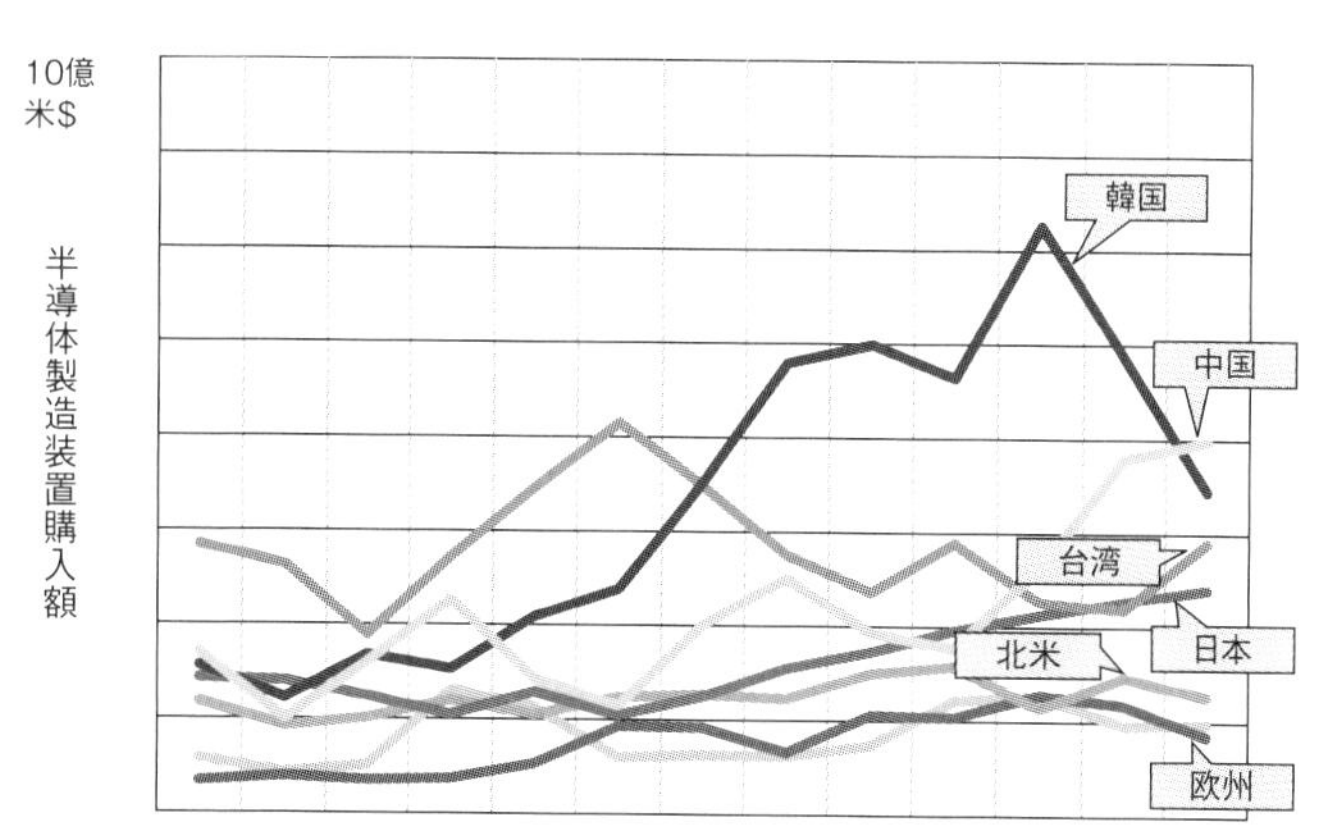

図10－4　半導体製造装置購入額の国別推移
（SEMI〈Semiconductor Equipment and Materials International〉のデータから著者作成）

素子を用いた集積回路（ＩＣ）である。この集積回路（ＩＣ）の国産比率目標は、２０２０年49％、２０３０年79％となっていて非常に厳しく設定されている。しかし今現在は10％台とされ、半導体は輸入や外資企業からの調達に頼っているのが現状である。また、米国による対イラン制裁措置に違反したとして、米国企業から半導体調達を断たれ中国通信機器大手の中興通訊（ＺＥＴ）は経営危機に直面した。

以上のことからも判るように「中国製造２０５０」で、最もネックとなっているのが半導体である。このため、国の競争力強化、産業振興、安全保障の観点から、半導体を外国に依存せずに国産比率を上げることが、中国にとって必須の課題であった。

このため中国が購入した半導体製造装置の推

移について、国際の半導体製造装置材料協会（SEMI: Semiconductor Equipment and Materials International）が発行する世界半導体製造装置出荷額のデータを基に整理して図10－4に示す。このデータの出荷額とは、その国が購入した半導体製造装置を指す。

韓国は2015年から台湾を抜き、最も半導体製造装置を購入しており、2018年第1四半期になると、韓国の大手メモリメーカーのサムスン電子とSKハイニックスの2社がメモリの増産に向けて巨額の設備投資を行うなど韓国の突出ぶりは目をみはるものがあった。ところが6四半期トップを維持していた韓国が大きく減速した。半導体業界トップのサムスン電子が、第3四半期に実施する計画だった平澤（ピョンテク）工場の上層階東側のDRAMライン増設のうち、第2期拡張部分への設備投資を延期したのが影響した。

2018年は中国がトップに立った。半導体を重点分野と重点品目に指定し、国産化比率を向上させようという「中国製造2025」の効果が表れ出していると考えられる。しかし米国からの圧力もあり、中国市場における半導体製造装置の売り上げは期待通りに伸びない可能性があり、米中間の駆け引きに注目しておく必要がある。

なお、日本の半導体に関して言えば、東芝等のメモリメーカーの投資などが牽引役となり、増加してきていることを付け加えておこう。

中国の半導体製造装置購入に対して、米国からの圧力が強まっていることも今後の懸念材料のひとつである。米国商務省は２０１８年10月に、半導体製造装置および部材の輸出を規制することを発表している。

また、中国の福建省晋華集成電路（ＪＨＩＣＣ）は、５０００億円以上の三つのプロジェクトをリードしていたが、米司法省は、ＪＨＩＣＣと台湾の聯華電子（ＵＭＣ）を、米国半導体メーカーから企業秘密を盗み出したという産業スパイの罪で、２０１８年11月に起訴した。台湾のＵＭＣは、本業の受託生産への影響を恐れて、協力を縮小したため、ＵＭＣからの技術導入が困難になったＪＨＩＣＣは極めて厳しい状況に陥った。

このような背景において、鴻海とシャープが中国で、直径３００㎜のシリコンウエハを使う最新鋭の工場の新設に乗り出すことが２０１８年12月22日に報じられた。中国の珠海市政府との共同事業で、総事業費は１兆円程度の規模になり、珠海市政府が大半を負担する方向で協議している。

鴻海グループで唯一半導体生産を手掛けるシャープの技術を、工場建設に活用するという。

そもそもシャープの半導体事業は強いのだろうか。

シャープの半導体事業は、電卓向けの大規模集積回路（ＬＳＩ）の自社生産から始まった。

１９６８年、佐々木正元副社長がロックウェル社と交渉して電卓用ＬＳＩを供給してもらう契約を結んだ。その後ロックウェル社から、難易度の高い前半工程を終了したシリコンウェハを輸入し、シャープで後半工程のみを行うという形で半導体事業は始まったが、やがてＬＳＩの前半工程も手掛けるようになっていった。

しかしシャープは、いわゆる「選択と集中」により、半導体よりも液晶を選んで集中投資してきた経過があり、２０００年代以降は半導体への大規模な投資は見送られてきた。このため現在は、２００㎜のシリコンウエハを使う工場が一つだけ稼働しているという状態であり、国内外の他の半導体工場に比べて微細化のレベルも低い。

現在の主力製品は、液晶パネルを駆動させるドライバーの他、イメージセンサーや半導体レーザー等のオプトデバイスである。

ちなみに８Ｋテレビ用の画像処理用チップは、自社開発したが、生産は海外のファウンドリー（半導体受託生産会社）に委託している。

このようにシャープの半導体は、得意分野が限定されているというデメッリトがある。

液晶パネルのガラス基板に「標準サイズ」というものがないため、装置・部材メーカーとの微調整、つまり「すり合わせ」が必要になることは既に述べたが、半導体の場合は用いるシリコンウエハには「標準サイズ」がある。シャープで使っている２００㎜や、珠海市の工場で計画している３００㎜がそれである。そのため装置メーカーは、事前に集中して「標準装置」を開発するため「すり合わせ」する必要性は低い。

半導体の場合、「標準サイズ」のシリコンウエハを用い、「標準装置」を導入することによって「すり合わせ」する必要が少なく、工場設計、装置導入が行いやすいというメリットがある。

中国で半導体工場を建設する場合、中央政府や地方政府からの強い後押しがあるため企業の費用負担は軽くなるが、これは郭董事長の得意な交渉の領域である。

「規範破壊経営」の郭董事長率いる鴻海は「三兎を追う」ことになる。しかも三兎はそれぞれ状況が異なっている。液晶と半導体では産業構造が異なり、必要とされる戦略も異なる。サプライチェーンの整備状況も保有する知識もノウハウも異なる。

「三兎」の中では、米中の液晶工場は建設と稼働、運営の経験が豊富であるが、半導体工場は経験と知識が限定されており技術的ギャップが大きい。

「三兎を得る」には半導体工場と液晶工場の間にある大きなギャップを理解すると共に、これを埋める経営をすることが必要であろう。

第11章

シャープが有機ELスマホで仕掛ける日韓戦争

国際競争が激化する液晶・有機ELとはなにか？

日本と韓国との間で繰り広げられている国際競争が激しさを増している、特に、ディスプレイ産業においてのそれは「激突」と言っていいだろう。液晶と有機ELである。

そもそも液晶と有機ELはどのようなディスプレイなのか？

製作方式の違いは？　どの企業がどの方式を採用しているのか？

国際競争の舞台裏を知るために、まずディスプレイに関する基本的なことを整理しておく必要があるだろう。

液晶との根本的な違いを一言で言うなら、有機ELは「自発光」で、液晶は「非発光」のディスプレイであるという点にある（表11－1）。

液晶は、液晶層自体では発光しない「非発光」型だ。背面のバックライトからの光が透過する量を、液晶層に印加する電圧で調節する。小さな画素ごとに赤、緑、青のカラーフィルターが配置され、カラー表示ができる。弱点は、バックライトが必要なので薄型化に限界があることだ。また、バックライトからの光を液晶で完全に遮ることができず、わずかに光漏れがあるため、完璧な「黒」を実現できない。ただ、壁にかけるだけの十分な薄さは確保できるので、

表11－1　液晶と有機ＥＬの各方式の比較

	液　晶 「非発光」	有　機　Ｅ　Ｌ 「自発光」		
バックライト	要	不　要		
特　徴	安価だが完璧な「黒」でない	開発途上で高価で寿命に課題があるが、完璧な「黒」を実現できる		
方　式	化学蒸気成膜（CVD）	白色蒸着方式	3色蒸着方式	3色印刷方式
		蒸着方式	蒸着方式	印刷方式
企業事例	シャープ、ソニー、東芝等	LGディスプレイ	サムスン、シャープ	JOLED
画面サイズ	超大型	大型（55～70インチ）	小型（スマホサイズ）	大型可能
現状レベル	大型量産成熟レベル	大型量産レベル	小型量産レベル	研究開発レベル
生産環境	真空	真空	真空	大気
パターンイング	成膜後パターニング	蒸着時　遮蔽枠	精細マスクと位置精度	大型高精度印刷
材料利用効率	低い	低い	非常に低い	高い
光利用率	低い	低い	高い	高い

（筆者作成）

ブラウン管の時代には夢であった「壁掛けテレビ」を実現してきた。

それに対して有機ＥＬは、電流を流すことで自ら発光する「自発光」型だ。「自発光」なのでバックライトが不要となり液晶よりも薄くできる。また「自発光」なので、電流を遮断すれば完璧な「黒」を表現できる。この純粋な「黒」が最大の特長だ。

ただ、発光のために有機層に電流を流すと有機層で劣化が生じる。特に青色の劣化が最も激しい。つまり、長年使用していると人の顔色が赤っぽくなってしまう。

また有機ＥＬの生産技術には、白色蒸着方式、３色蒸着方式、３色印刷方式の３方式がある。

韓国ＬＧは、「白色蒸着方式」だ。赤・緑・青を発光する有機層を積層し、全面を白色に光らせ、その上にカラーフィルターを形成することで赤・緑・青の画素を構成するやり方だ。

真空装置の中で材料を加熱蒸発する「蒸着」という方法で、薄膜を19層も積層し、そこからさらに色を出すために3色のカラーフィルターを形成していく。この方式は、多くの工程を要し製造装置も多くなるため、製造コストが高く生産歩留まりが悪い、といった課題がある。

赤・緑・青で発光させられるのに、わざわざ積層して一度白色を発光させ、さらにカラーフィルターを用いて赤・緑・青に分けるという回り道をしている。なぜそんな込み入ったことをするのかというと、赤・緑・青を横に並べて層を形成するのが難しいからである。

それに対してサムスン電子は、赤・緑・青を横に並べて層を形成する「3色蒸着方式」を採用している。真空装置の中で材料を加熱蒸発させて、精密な小さな穴を開けたマスクを通して、3色を横に並べて形成するというやり方だ。ここで使う精密なマスクの製作、正確に横に並べるためにマスクを精密に位置合わせするのが非常に難しいのだ。

サムスン電子は、小型のスマートフォン用で成功し、世界のスマホ用有機ＥＬをほぼ独占している。この方式を大型にも拡大しようとしたのだが、位置合わせが至難の業となる大型では生産歩留まりを上げられず、有機ＥＬテレビの生産を中止せざるを得なかった。

もう一つの生産方式は、赤・緑・青を、インクジェットプリンターのように、印刷で塗分ける「3色印刷方式」だ。この方式は真空状態を作る必要もなく、工程が簡単なので、有機ＥＬ生産の最終ゴールになり得る。

ただし、インクを生産する際の不純物の除去が難しく、輝度と寿命に課題がある。また微細に塗分ける技術の難度が高い。

日本の（株）ＪＯＬＥＤ（ジェイオーレッド）は、この方式を追求している。ＪＯＬＥＤは、ジャパンディスプレイ、ソニー、パナソニックの有機ＥＬ事業を統合して設立された「日の丸有機ＥＬ企業」だ。

3年ぶり、シャープの「液晶・有機ＥＬ二面戦略」

ここ数年の間、シャープが大規模展示会や見本市のような場で、液晶戦略を広報することは少なかった。経営危機と鴻海傘下入りという経営環境の激変のため、講演会等の表舞台に立つことがなかったためだ。

私のような技術経営を研究する者にとっては、米国ラスベガスで開催されるCES(Consumer Electronics Show）や日本の幕張で開催されるCEATEC（Combined Exhibition of Advanced Technologies）といった国際展示会は、各社の最新開発動向や新製品情報、さらには開発・販売戦略を知る上で大切な機会となっている。そのため、国内外を含め、なるべく足を運ぶようにしている。

その私が、最後にシャープ経営陣の講演を聞いたのは、２０１５年10月に幕張メッセで開催された「CEATEC JAPAN 2015」での水嶋繁光会長（当時）の講演だったと記憶している。

その後シャープは鴻海の出資を受け、２０１８年３月期には、営業利益９０１億円と、２００７年以来10年ぶりの全四半期で黒字を出し。V字回復を印象付けた。

そこでシャープが満を持して、３年ぶりに発表したのが「ディスプレイ戦略」である。２０１８年12月に幕張メッセで開催された「ファインテックジャパン２０１８」において、シャープは世界最軽量の有機ＥＬスマホの技術の一端を明らかにした。

開催初日の基調講演を行い、「シャープ再攻勢」の狼煙を上げたのは、ディスプレイデバイスカンパニー副社長の伴厚志氏だった。余談だが、伴氏と前述の水嶋氏と私は、シャープ天理液晶工場の大部屋で共に机を並べた仲間でもある。

ファインテックジャパンの基調講演の場で伴副社長が語ったのは、ハードウェアだけではなく、プラットフォーム、ＡＩｏＴ等をトータルに考えていくと述べた戴社長の基本方針を踏襲する「ディスプレイ戦略」だった。

では、「ファインテックジャパン」で伴副社長はどんな戦略を語ったのか。その要約を記す。

――ディスプレイ業界を取り巻く環境は、スマートフォン・テレビのコモディティ化（一般商品化）が進み、中国企業も台頭してきている。このように社会は激変しているため、ディスプレイに求められる性能も変わる。この変化に対応できる企業が生き残る。

これからの社会は、5G（次世代無線通信システム）の普及、AI（人口知能）の進化が起こる。この変化に対応するシャープのビジョンとして、「8Kエコシステム」「人に寄り添うAIoT」を掲げている。なお、AIoTは、AIとIoT（Internet of Things：モノのインターネット）を統合したシャープの造語である。

このビジョンを基に、ディスプレイの将来展望として、単なる性能追求・規模の追求では限界があり、新たな価値軸が求められる。

そして、「5G、AI時代のディスプレイ」には、次の性能が必要である。
①情報を最適な形で表示する、②情報を生活と調和させる。
ここで伴副社長は、「情報を最適な形で表示するディスプレイ」として、8Kや薄型軽量（壁掛け）テレビ、コネクテッドに適した車載ディスプレイなどの製品、VR（Virtual Reality：仮想現実）・AR（Augmented Reality：拡張現実）等の技術を挙げた。

また「情報を生活と調和させるディスプレイ」としては、異形、曲面、フレキシブル等の技術を明示した。

シャープのお家芸・液晶技術を進化させた8Kディスプレイと、韓国勢に独占されている有機ＥＬパネルの二方向からの攻勢を念頭においての発言である。

これをもう少し詳細に説明するため、伴副社長は、「５Ｇ・ＡＩ社会を生き抜く八つの事業戦略」として、以下のポイントを示した。

1. ビジネスモデルの変革
2. ８Ｋの新たなマーケット展開
3. ８Ｋ技術を車載、ＶＲにも展開
4. 戦略的強化事業：車載とハイエンドＰＣのビジネスモデルを拡大する
5. 進化した液晶ディスプレイを低コスト／高品質で量産化
6. 薄型フレキシブルの実現
7. ディスプレイ技術をＮｏｎディスプレイに応用
8. 更に進化したＩＧＺＯを市場投入

私がここで注目したのは、伴副社長の「薄型フレキシブルの実現のため、有機ＥＬ（ＯＬＥＤ）のビジネスを拡大する」という発言だった。

シャープの事業の大きな軸はやはり「液晶」だ。しかしスマホの主流は、いまや液晶から有機ＥＬに変わりつつある。国内各社が最近投入したスマホの新モデルでも、有機ＥＬが高い比率を占めた。そこで液晶に対するこだわりの強いシャープも、初めて有機ＥＬパネルのスマホを市場に投入したのだ。

といっても市場に出しただけの「アリバイ作り」のような製品ではない。有機ＥＬパネルの供給については、テレビ向けのサイズは韓国のＬＧ、スマホ向けサイズはサムスン電子が独占してきた。この独占体制に、シャープは自社製の有機ＥＬパネルを用いた最上位機種を、２０１８年12月にぶつけてきた。韓国勢の独占体制に風穴を開けようという試みだ。

その有機ＥＬスマホに触れる前に、液晶ディスプレイの戦略についてもう少し述べておきたい。

筆者がシャープの液晶ディスプレイの底力を再認識させられたのは、10月に同じ幕張メッセで行われたエレクトロニクス展示会「CEATEC JAPAN2018」の会場だった。ここでシャープの８Ｋ液晶テレビ（チューナー内蔵型）は、CEATECのトータルソリューション部門のグランプリを受賞した。もちろんその将来性や市場性が評価されてのことだ。

また、世界初の1台で「撮影」「収録」「再生」「ライン出力」を実現した業務用８Ｋカムコーダーも紹介。８Ｋ編集システムや、世界最小８Ｋ内視鏡カメラの展示も行われていた。８Ｋのマーケットはまだ立ち上がっていると言える段階ではなく、家電量販店のテレビ売り場も４Ｋや有機ＥＬテレビが推されている。そこにあえて８Ｋの液晶で勝負に出ているシャープ。他社に先駆けて8K技術開発の先頭に立ち、市場を作り出そうという意気込みを感じる。

ただし、シャープの8K液晶テレビ（チューナー内蔵型）は、まだまだ高額だ。家電量販店を覗いた時、2018年年末までの価格は60インチで74万8000円。4K液晶テレビ（チューナー内蔵型）は、50インチが約20万円、60インチが約28万円と、「なんとか手が出る」という価格帯だ。

同じ60インチで8Kと4Kテレビの価格を比較すると、47万円程もの大きな価格差があった。市場創出にはこれからの価格低下が不可欠だ。8Kパネルの生産技術の改善による価格低下が鍵を握る。

シャープ「液晶の次も液晶」撤回し、世界最軽量有機ELスマホ

次に私が注目したのは有機ELスマホである。

「液晶の次も液晶」

この言葉は2007年、当時シャープの代表取締役だった片山幹雄氏が記者会見で述べたものだ。厚さ20ミリの薄型液晶テレビの試作品を発表した場での発言である。当時のシャープにとっては、液晶事業こそが会社の誇りであり、生命線だった。

ところが、韓国・台湾の液晶への積極投資により猛追を受けた。そして、ついには堺工場への「過大投資」の影響により、シャープの業績は急降下。「液晶一本足打法のためだ」と揶揄された。

いまでもシャープのディスプレイ事業は液晶が主流を占めている。それは第10章で紹介した、米中での液晶工場の建設にも表れている。

しかし、いまはもう「一本足」ではない。「液晶の次も液晶」の宣言を覆して、今回シャープは有機ELにも打って出る決断をした。

第2章で書いたように、戴正呉社長が社内向けメールで発した2017年最初の「社長メッセージ」には、次のように書かれていた。

『**IoT関連技術、OLEDに加えて、新たな未来を創造する「次世代ディスプレイ」、「8K Eco System」関連技術など、将来のシャープの核となる技術への開発投資を積極的に拡大していきます**』

この中に登場する「OLED」とは有機ELのこと。まさにこの言葉を実現すべく、有機ELへの開発投資を行い、今回、自社製の有機ELパネルを使ったスマホを市場に出したのだ。

満を持してシャープが市場に投入した有機ＥＬスマホは「AQUOS zero」（図11－1）。ＩＧＺＯ－ＴＦＴ液晶を使った「AQUOS R2」と並ぶフラッグシップ機種という位置付けだ。「AQUOS zero」の大きな特長はその「軽さ」だ。ディスプレイのサイズが６・０インチの「AQUOS R2」の重量が約１８１グラムなのに対し、「AQUOS zero」は６・２インチと大型化しているにも関わらず、重量は約１４６グラムと大幅な軽量化に成功している。

シャープによれば、画面サイズ６インチ以上で、電池容量が３０００ｍＡｈを超える防水（ＩＰＸ５以上）対応のスマートフォンにおいて世界最軽量という。キャッチコピーはズバリ、「世界最軽量モンスター」だ。

この１４６グラムという重量は、ディスプレイサイズが同程度の他社製スマホと比較して、約40～50グラム軽い。この軽量化を実現するため、有機ＥＬパネルの採用以外に、構造部に一般的なアルミニウムではなく軽量のマグネシウムを使用、背面には鉄の５倍の強度があるとされるアラミド繊維を採用した（図11－1　右端）。

「サムスンのスマホは横面にまで画像表示されるが、シャープのスマホは曲がっておらず、特長が出せていないのでは？」

そんな質問をぶつけた私に説明員は「いいえ」と首を横に降った。

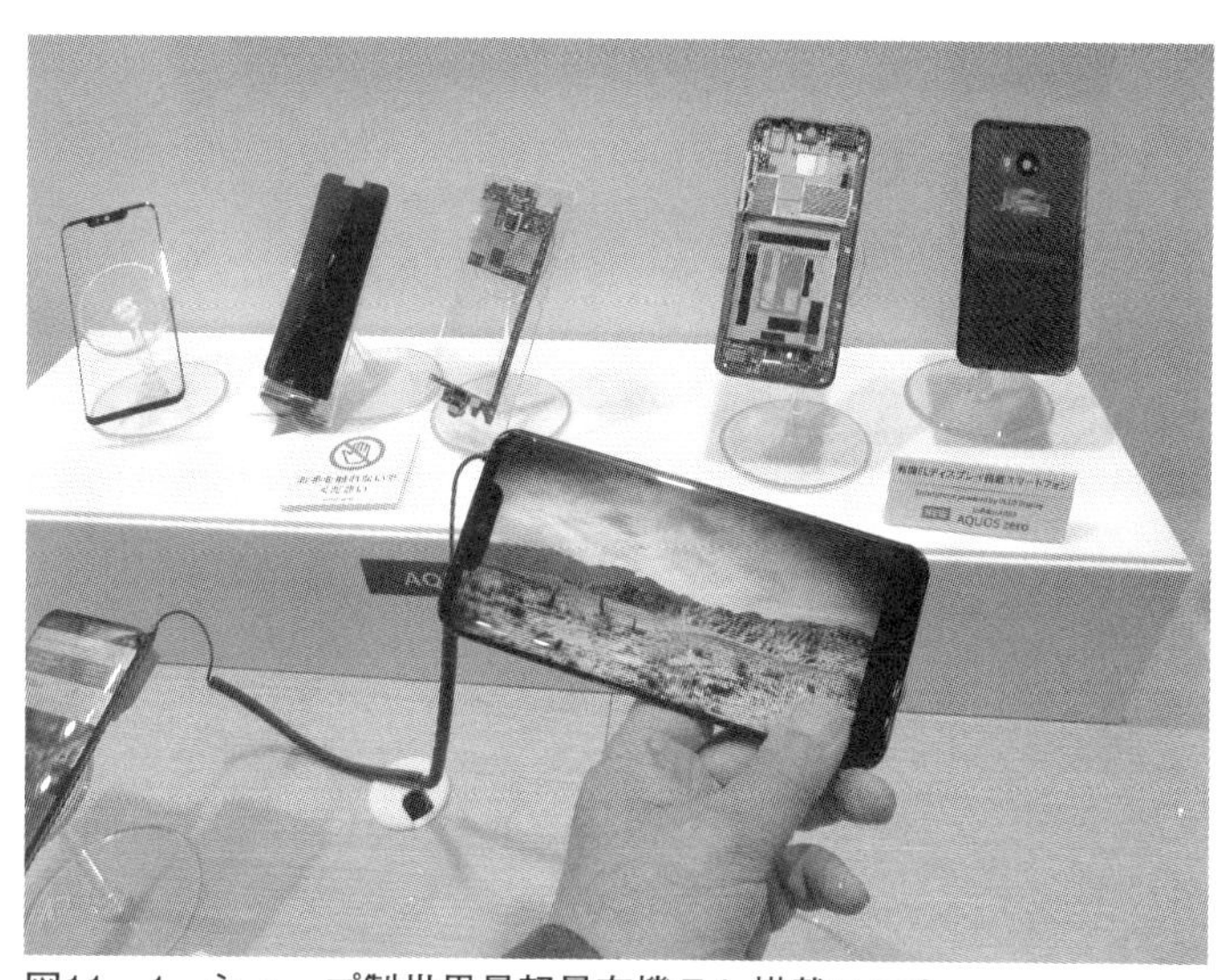

図11－1　シャープ製世界最軽量有機ＥＬ搭載スマホ
（CEATEC JAPAN2018 にて筆者撮影）

「きっちりと曲がっています」

展示場では分解したスマホを展示していた（図11－1）が、今までに、このように内部まで見せた有機ＥＬスマホの展示は見たことがない。最上部の薄いガラスをよく見ると端が湾曲している（図11－2左）。また、有機ＥＬパネルは、ペラペラのフィルム状である（図11－2右）。曲がったガラスに、フイルム状の有機ＥＬパネルが沿うことにより曲がる。担当員の言う「曲がっている」という意味が良く理解できた。

そして肝心の有機ＥＬパネルだが、今までスマホ用のパネルは、サムスン電子のほぼ独占状態で、日本企業はサムスンから購入して組み込むしか方法がなかった。日本では２０１８年11月に、ソニーが、初めて

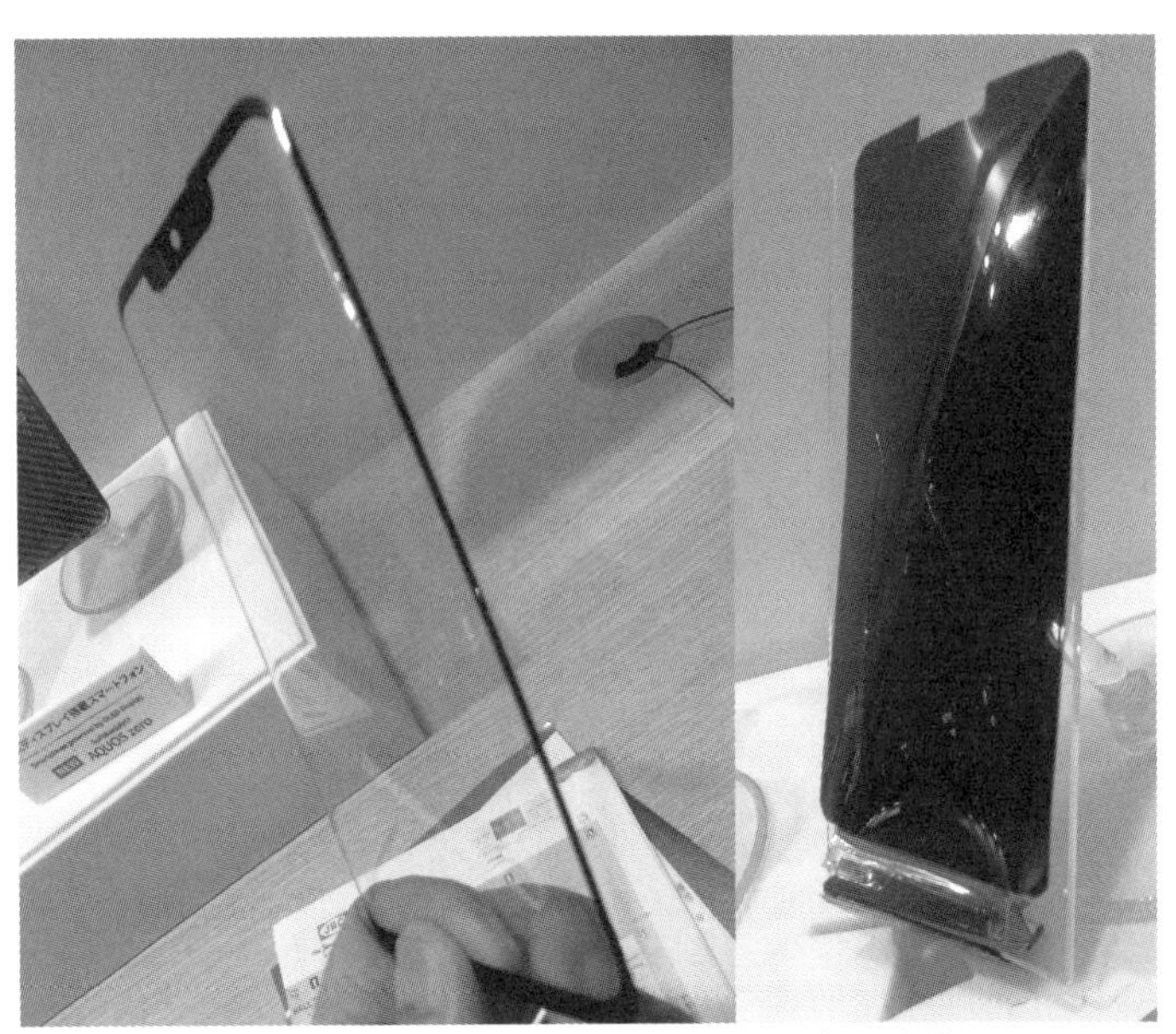

図11－2　有機ＥＬスマホ用の最上部の薄ガラス（左）と有機ＥＬフイルム
（CEATEC JAPAN2018にて筆者撮影）

有機ＥＬのスマホ「Xperia XZ3」を発売している。この有機ＥＬパネルもサムスンから購入したものだ。ディスプレイは6・0インチ、重さは約193グラム。この数字と比べてみると、先ほどの「AQUOS zero」がいかに意欲的な製品なのか、分かるだろう。

ではキーデバイスとなる有機ＥＬパネルの生産体制はどうなっているのか？

12月のファインテックジャパンでの基調講演で、伴副社長は、世界最軽量のシャープ製有機ＥＬスマホを生産する「フレキシブルＯＬＥＤ（有機ＥＬ）ライン」について説明した。実はシャープのスマホ用有機ＥＬパネルは、１か所の工場で生産されていたわけではない。バックプレーン（駆動素子基板）工程は三重県の多気工場（Ｇ４・５）、ＯＬＥＤ／モジュール工程は堺工場（Ｇ４・５）で作られているのである（図11－３）。

シャープ関係者からの情報を総合すると、この有機ＥＬスマホには、多気工場で駆動用の低温ポリシリコン（ＬＴＰＳ）薄膜トランジスタを形成し、それを堺工場まで運び、表示のための有機ＥＬを形成しているそうだ。多気工場には低温ポリシリコン用のラインと共に、既にＩＧＺＯ－ＴＦＴラインが設置され、堺工場を含め多様な選択が可能とのことだ。

２０１９年2月にスマホの販売店を回ってみると、「AQUOS zero」が店頭に展示され販売されていた。世界最軽量有機ＥＬスマホの生産が順調であることがうかがえ、今後が期待される。

バックプレーン

OLED / モジュール

図11－3　シャープ フレキシブルOLEDライン
（シャープ提供資料から筆者作成）

ソニーが有機ELテレビへ「再参入」する理由

CES（Consumer Electronics Show）は、毎年1月初旬にラスベガスで開催される世界最大のエレクトロニクス展示会だが、2017年1月、私も有機ELの調査のため参加した。このCES2017で、筆者が注目した展示があった。ソニーの有機ELテレビだ。ソニーにとっては有機ELテレビへの再参入になる。

そもそも、ソニーは、2007年に有機ELテレビを世界で初めて市場に投入していたのだ（図11－4）。

2007年10月2日～6日に幕張メッセで行われた展示会「CEATEC Japan 2007」に、ソニーは有機ELテレビを展示した。11インチで厚さ3㎜。回路は下の箱に入っている。2007年末に20万円で世界で初めて販売し、「世界初」の称号を手にした。しかし、高額だったため人気が出ず、2010年に生産を終了。有機ELパネルの製造からも撤退していた。

そのソニーが、LGディスプレイから有機ELパネルを購入してまで、有機ELテレビに「再参入」する（図11－5）。

ソニーは、なぜ有機ELテレビに「再参入」するのか？

図11－4　ソニーが世界で初めて市販した有機テレビ（11インチ）
（CEATEC Japan2007にて筆者撮影）

図11－5　ソニーの有機ＥＬテレビ
（CES2017にて著者撮影）

平井一夫社長が、CES開幕前日にソニーブースで、メディア向けの会見を行った。

「このタイミングで有機ELテレビを商品化した理由については、いくつか要点がある。パネルは当社で製造したものではないが、どうせ有機ELをやるのであれば〝ソニーらしい画質〟を追求したいというこだわりがあった。昨年『X1 Extremeプロセッサー』が完成したことで、液晶だけでなく有機ELでも、私たちが追求したい画質をかたちにできると判断した」

（Phileweb 2017年1月6日配信記事より）

ソニーは、〝ソニーらしい画質〟を追求し、有機ELテレビに「再参入」した。これに象徴されるように、2017年はまさに「有機EL元年」となった。

ソニーだけでなく、パナソニック、東芝などがLGから有機ELパネルを購入し、2017年4月頃から続々と有機ELテレビを販売し出したのだ。発売開始時は、販売価格は55インチで約40万円と高額だった。しかし価格は急激に低下し、4か月後の8月には22万円〜30万円程度にまでなり、顧客の手の届く範囲内に収まるようになった。

2017年8月にはLGの壁紙のように貼れる「壁紙テレビ」をはじめ、LGの有機ELパネルを使った有機ELテレビが店頭に数多く並ぶようになった。

ソニーは、テレビへの「再参入」だけでなく、先にも述べたように有機ELスマホにも「新規参入」した。サムスン電子からスマホ用有機ELの供給を受け、2018年11月9日から有機ＥＬスマホ「Xperia XZ3」を発売したのだ。６・０インチ画面で重さ１９３グラムである。有機ＥＬの特長である薄さを活かした手になじむデザインである。

キーデバイスを外部から購入する場合、その特長を活かした商品開発が不可欠である。ソニーは、共同創業者の盛田昭夫氏が、米国からトランジスタの技術をライセンスして、自社生産を行い、トランジスタラジオやトランジスタテレビを商品開発した。また、携帯オーディオ「ウォークマン」のように、「顧客の想像を超える商品」を開発し「市場創造」してきた歴史がある。ソニーの商品開発に期待する。

韓国ＬＧが有機ＥＬテレビで覇権を目指す

韓国ＬＧディスプレイは２０１９年には、テレビ用有機ＥＬパネルの生産を、２０１８年見通しに比べて４割も多い４００万台分に増産することを決めた。

ＬＧは、今や有機ＥＬテレビ市場を独占している。家電量販店のテレビ売り場で、中央のよい展示場所を確保しているのがＬＧの有機ＥＬテレビなのだ。

ＬＧの有機ＥＬテレビの特長を示しているのは、壁に〝貼れる〟「壁紙テレビ」だ。ディスプレイの薄さは約３・９㎜。液晶やプラズマの「壁掛けテレビ」のレベルを遥かに超えている。そのキャッチコピーは、「全ての有機ＥＬテレビは、ＬＧから始まる」

ソニーやパナソニックだって有機ＥＬテレビは販売している。だが、中心となる部材の有機ＥＬパネルは、全てＬＧが供給している。このキャッチコピーは、その自信の表れである。

ＬＧは、有機ＥＬテレビの普及を好機として、世界のテレビ市場の覇権を握る戦略なのだ。

そもそも有機ＥＬは日本で応用が研究されてきたのだが、市場作りで先行したのは韓国のＬＧとサムスンだった。

有機ＥＬは今、液晶の市場を侵食しつつある。そして今のところ、日本はこの分野で完敗状態である。果たして日本のメーカーに挽回の可能性はあるのだろうか？

２０１７年8月、私は、有機ＥＬの状況を調査するため、韓国・釜山で開催された世界最大級のディスプレイ技術の国際会議「iMiD 2017」に参加した。総議長は、ＬＧディスプレイの呂相徳（ヨ・サンドク）社長だった。

歓迎レセプションで呂社長と面談する機会を得た。

「有機ＥＬは素晴らしい。ＣＥＳ（米国展示会）でも見てきたが技術的にずいぶん改善されてきている」と意見を述べた私に、呂社長は非常に流暢な日本語でこう応じてきた。

「まだまだ問題はあります。最初は良品率が上がらず苦労しました。事業に疑問を漏らす人も

図11－6　圧倒的な没入感を実現するＬＧの有機ＥＬパネルによるドーム
（CES2017にて筆者撮影）

いたほどです。その後、良品率が急激に改善し、80％以上という安定した良品率を達成できるようになったのです」

課題はあるとはしながらも、有機ＥＬの生産技術に対する強い自信が感じられた。

２０１７年は「有機ＥＬ元年」。その号砲を鳴らしたのはＬＧであった。

そう感じたのは前述したラスベガスのＣＥＳ（コンシューマ・エレクトロニクス・ショー）で見たドーム状になった有機ＥＬテレビの展示（図11－６）で、ショーの中でも最も強い存在感を示していた。

有機ＥＬパネルは曲げることができるのでドームにすることができる。そこに映し出された惑星が落ちてくる映像は迫力があった。全天の星が流れる映像では、床が反

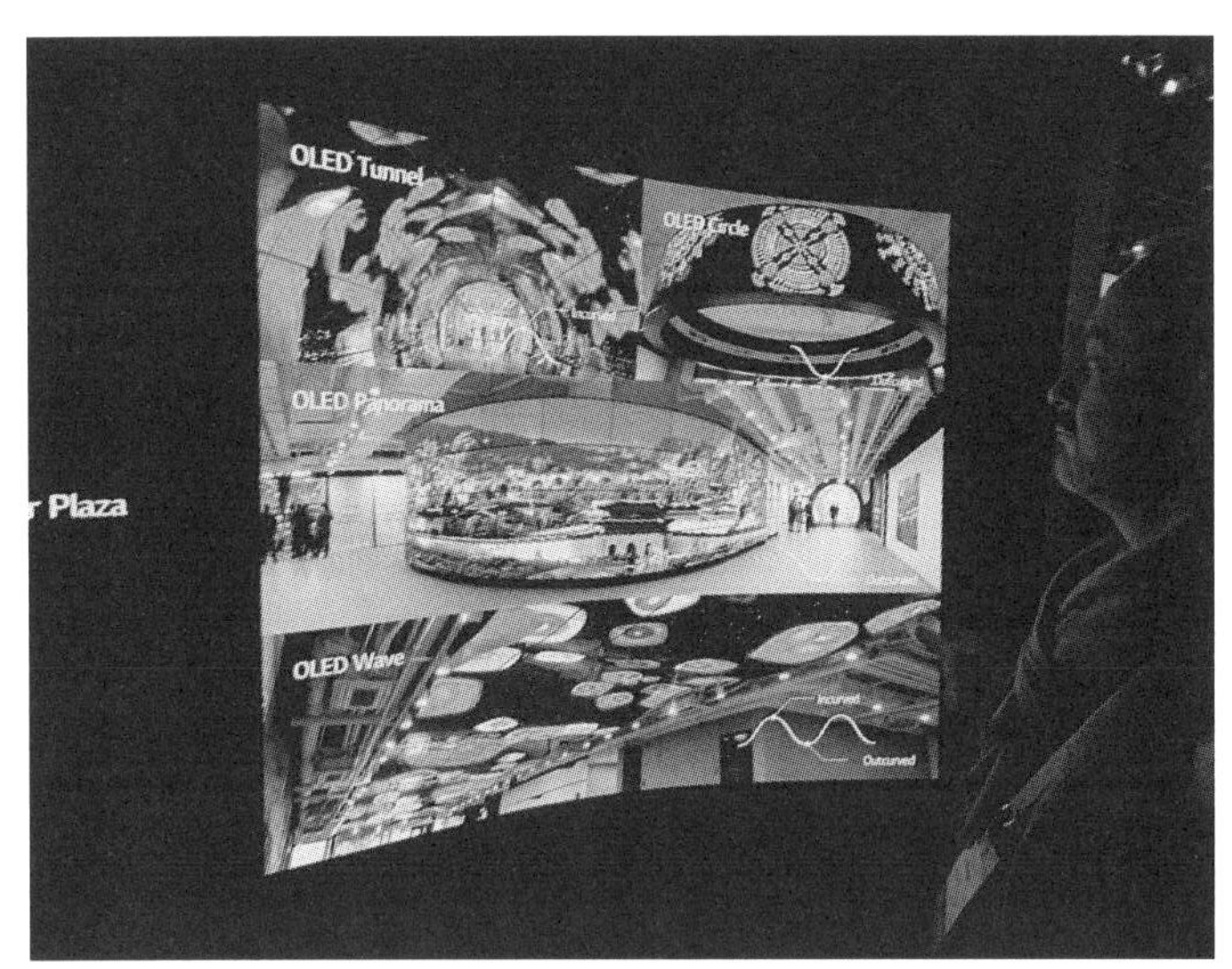

図11－7　曲げられるＬＧの有機ＥＬディスプレイ
（CES2017にて筆者撮影）

対方向に動いていると感じるくらいのリアリティである。

映像の世界には「没入感」という言葉があるが、多くの展示会に参加して、様々な映像表現を体験してきた筆者でも、これほどの没入感を覚えた経験はなかった。

すぐ横に1枚の有機ＥＬディスプレイが壁に貼られていた。厚みは約３・９㎜という圧倒的な薄さだ。観客がそれを曲げても問題なく動作していた（図11－７）。私も試しに曲げてみたが、薄くて簡単に曲がる。やはり動作には全く問題がなかった。もっとも、担当員がすぐに飛んできて「触らないように」と注意を受けたが……。

驚愕のＬＧ「巻取り式有機ＥＬテレビ」

有機ＥＬテレビで世界をリードするＬＧは、驚愕の技術を、ＣＥＳに先立って日本で公開していた。２０１９年1月8日～11日に開催される「CES 2019」の前である。

幕張メッセで開催された展示会「ファインテックジャパン」で、２０１８年12月6日の基調講演で先行公開されたのだ。ＬＧディスプレイは、多くの技術問題と難関にも関わらず、大型有機ＥＬパネルの量産を成功させた世界唯一の有機ＥＬパネルメーカーである。

定年で役職がＣＭＯ（Chief Marketing Officer）に変わった呂相徳（ヨ・サンドク：Eddie Yeo）氏が、手品師のように、長細い白い箱の中から、テレビを徐々に取り出した（図11－8）。

主催者の案内では、本来写真を撮ってはいけない。しかし、この歴史的瞬間に立ち会ったことを逃すまいと、思わずカメラを取り出して写真を数枚取った。それが次に示す3枚の写真である。

もちろん、講演者の了解なしで公開することはできない。

幸いにも、私は呂相徳氏を知っていた。

図11－8　LG 呂相徳氏が紹介する巻取り式有機ＥＬテレビ

写真上から下のように巻取られた有機ＥＬテレビが箱から出てくる
（ファインテックジャパンで著者撮影）

先に記したように、２０１７年8月「iMiD 2017」で会っていたからだ。

このため、「ファインテックジャパン」の講演後に、呂相徳氏に挨拶とお願いにいった。「お久しぶりです」と挨拶し、呂相徳氏のことに触れた私のインターネット記事を手渡し、巻取り式テレビの写真を公開させていただけないかという申し出に、呂氏はしばし考えてから「CESの後なら」という条件付きで許可してくれた。

有機ELの進化は、前述したようにカーブド（Curved、湾曲した）、フォーダブル（Foldable、折り畳み式の）、ローラブル（Rollable、巻取り式の）の過程を経る。

この画期的なテレビは、ガラス基板を薄くすることで巻取りを実現しているとのことだが、LGの有機ELテレビ分野でのリードは、当面揺るぎそうにないというのが私の感想である。

サムスン「有機EL折り畳みスマホ」量産へ

有機EL開発でLGと対抗するサムスン電子の副社長とも、「iMiD 2017」で会うことができた。有機ELテレビの寿命と輝度についての質問に返ってきたのは「有機ELの輝度が低下する劣化は、封止方法の改善だけでは防げません。電流で駆動する有機ELは、電流注入による有機層の劣化から逃れられないのです」という答えであった。

実はサムスンは、スマートフォン向けの有機ＥＬパネルは生産しているが、大きなディスプレイが必要となる有機ＥＬテレビ用のパネルからは撤退している。

サムスンは劣化の問題が改善できないから、有機ＥＬテレビの生産ラインを止めたのかと私は質問を重ねた。

「技術的な問題なら挑戦します。そうではなく、戦略的な決定があったからです。輝度劣化や、同じ映像を長い間映写するとその残像が残る、いわゆる焼き付きも問題なのです」

サムスン電子副社長は、有機ＥＬの技術的課題と経営的対応の両方を非常に良く理解しており、そのバランスを考えた上での経営判断だったと説明した。

サムスンは、世界でほぼ1社が独占するスマホ用有機ＥＬを、自社ブランドのスマホにのみ活用し競争力を高めてきた。しかし、その後スマホ用有機ＥＬの外販に戦略転換した。

今や、ライバルのアップルにさえ外販し、その結果、有機ＥＬ搭載のiPhone Xが登場した。更にアップルの後続機種であるiPhone XS MaxやiPhone XSに採用されている。しかし有機ＥＬパネルが平板であり差別化が十分ではない。その後、端部を少し曲げた有機ＥＬパネルさえも外販し、ソニースマホ「Xperia XZ3」が採用している。

サムスンは２０１８年11月7日、衝撃的な発表を行った。サムスンは、更に前に進んだのだ。画面を折りたたむことができるスマホ向け有機ＥＬディスプレイを初めて公開した。画面サイズは7・3インチ。2つ折りにするとポケットに収まる。

「数十万回の折りたたみに耐えられる」

そして、サムスンは2019年2月20日に「折りたたみスマホ」の発売を発表した。その名も「Galaxy Fold」で、価格は1980ドル（約22万円）。米国では4月26日に発売される。

いよいよ「折りたたみスマホ」の時代に突入した。

サムスンは、有機ELスマホの分野で、当面はリードを続けるだろう。

日本は、韓国勢に追いつくためには、差別化できる技術の種が必要だ。

JOLED「印刷方式有機EL」を世界初出荷

韓国勢に追いつける技術の種の一つとして、「3色印刷方式」有機ELが挙げられる。

赤・緑・青を、インクジェットプリンターのように、印刷で塗分ける方式であり、真空状態を作る必要もなく、工程が簡単だ。

この「3色印刷方式」有機ELを市場に出荷し始めた（株）JOLEDを訪問しインタビュー調査した。

JOLED 管理本部 副本部長 経営企画部 部長 加藤敦氏から説明を受けた。

まず、通された会議室で見せてもらったのが、世界で初めて出荷を開始した3色印刷方式による有機ＥＬディスプレイである。21・６インチで４Ｋだ。画質は、顧客も納得のレベルである（図11－９）。

「基板投入ベースで２０００シート／月の生産能力を持つ、４・５世代のパイロットラインで量産実証を行っています。この能力の一部を用いて、21・６インチを少量生産しています。ソニーの医療用モニター向け等に出荷しています。

ＪＯＬＥＤは、パナソニックとソニーの有機ＥＬ開発部門が統合し２０１５年１月に発足しました。印刷方式で中型高精細の有機ＥＬディスプレイを開発・製造しています。

ソニーもパナソニックも、元々はテレビを目指して有機ＥＬを開発しており、ソニーは、２００７年に蒸着方式で11インチ有機ＥＬテレビを世界で初めて市場に投入しました。

２０１３年の世界最大のエレクトロニクス展示会であるＣＥＳには、パナソニックは印刷方式の55インチ４Ｋ有機ＥＬテレビ、ソニーは蒸着方式の56インチ４Ｋ有機ＥＬテレビを出展しました。一般の方にお披露目された印刷方式のテレビは、13年のパナソニックが初めてだと思います」（加藤氏）

――有機ＥＬの方式について、パナソニックは印刷方式、ソニーは蒸着方式と異なります

図11－9　世界で初めて出荷を開始した21.6インチ印刷方式有機ＥＬディスプレイ
（筆者撮影）

が、技術をどのように融合していったのですか？

「産業革新機構の主導で、印刷方式有機ＥＬを事業化するという目的のもと、パナソニックとソニーの有機ＥＬ開発部門を統合し、事業統合会社ＪＯＬＥＤが設立されました。元々パナソニックで印刷をやってきたエンジニアと、ソニーで蒸着をやってきたエンジニアが一緒になっていますので、初期の頃は、印刷で本当にいけるのか等、活発な技術者同士の意見交換がありました。最終的には印刷方式でやるという方向性で全社それぞれがベクトルを合わせ、一致団結してやってきています。

　ＪＯＬＥＤとしては、中型の高精細有機ＥＬで市場を作ることを基本思想としてスタートしておりますので、10から30インチの、高精細4Kをターゲットにしています。

印刷方式は高精細にしていくために印刷精度をより上げていかなければなりません。パナソニック時代には80ｐｐｉ（pixel per inch：1インチ当たりのピクセルの数）まで印刷できており、ＪＯＬＥＤとなってからは、最初の1年間で２００ｐｐｉクラスを目指して開発を続けました。

２０１５年に12・２インチのフルＨＤで１８０ｐｐｉ、２０１６年に19・３インチの４Ｋという２００ｐｐｉを超える精細度のものを開発しました。製品として世の中に出しているのが、先ほどお見せした21・６インチの４Ｋで２０４ｐｐｉです。ソニーの医療用モニター向けに、２０１７年４月からサンプル出荷し、２０１７年12月に製品として販売を開始しました。これが弊社の製品第1号になります」

ＪＯＬＥＤも、量産化に向かうこれからが正念場である。

そこでは何が課題なのか?技術的な課題は、量産技術の確立とともに、製品の要求仕様を満たす輝度・寿命の改善である。挑戦にはリスクはつきものである。リスクを取らなければ、韓国に追いつき追い越すことはできない。

ＪＯＬＥＤが、印刷方式の課題を克服し、韓国を追い抜いて起死回生を図られることに、筆者は大きな期待を寄せている。

九大・安達千波矢教授とKyulux：有機ＥＬ材料への挑戦

韓国勢に追いつける技術のもう一つの種として、九州大学の安達千波矢教授が発明した有機ＥＬ材料が挙げられる。九大発のベンチャー企業Kyuluxが事業化に取り組んでいる。熱活性化遅延蛍光（ＴＡＤＦ）と呼ばれる新しい有機ＥＬ材料だ。明るく、材料コストを10分の１にできる可能性を秘めている。

２０１８年2月16日、私は九州大学伊都キャンパスにある最先端有機光エレクトロニクス研究センター（ＯＰＥＲＡ）安達千波矢教授の元を訪ねた。（図11－10）。

「私は１９８８年に九大で有機ＥＬの研究を開始しました。当初、発光は2～3分しか持たなかったのですが、基板の洗浄等の成膜プロセスや材料を改良することで、寿命は数１００時間に大幅に改善しました。

１９９１年にリコーに入社し、引き続き有機ＥＬを研究していました。しかし、会社が有機ＥＬの研究を中止することになったため、１９９６年に信州大学に助手として転じ、有機ＥＬの研究を続けていました。

図11－10　九州大学　安達千波矢教授
（九州大学提供）

それまでの研究が認められ、1999年に、プリンストン大学のステファン・フォレスト教授に声をかけられ、プリンストン大の研究員となりました。

プリンストン大学には3年弱いましたが、その間は第2世代の燐光材料の研究をしていました。フォレスト先生は、その研究を事業化するため、研究室の1期生をCTOとして呼び寄せ、ベンチャー企業を立ち上げました。これが現在、有機ELの発光材料市場で独占的地位を築いているユニバーサル・ディスプレイ（UDC）です。この間、有機ELの課題である素子寿命は、世界中の研究者が開発に取り組むことで、劇的に延びました。そして金と、トップクラスの人を集めたのです」

米国の名門プリンストン大学での研究生活と、

大学の技術を実用化するベンチャー企業の立ち上がりを目の当たりにした経験が、その後の九大での研究とベンチャー起業に大きな影響を与えたと言える。

「2001年に日本に帰り、千歳科学技術大学で助教授として勤務しました。日本に戻ったら、第2世代を超える開発を行おうと決めていたので、第3世代の発光材料の研究に取り掛かりました。その後、2005年に九州大学に教授としてやってきました。

第3世代のアイデアは、光化学の基礎の基礎から出てきました。三重項状態を熱活性によって一重項状態に移すものです。原理は教科書にも書かれていて、私も授業で教えていたのですが、あくまで理論上の話でした。ただ、『数式で書かれていることは実現できるはず』という物理的思考を信じました。

2009年にTADFを用いた世界初のOLEDを発表しましたが、現実の発光効率は0・1%しかありませんでした。しかし、理解できる人には分かってもらえる内容だったと自負しています。指導原理が分かると、それに基づき多くの実験を行いました」

難しければ飛ばしていただいて結構だが、安達教授のアイデアを、図11-11を用いて、説明しておく。

電子は自転と公転を行い、その回転方向から、2つの電子が取り得る量子状態の組み合わせが4通りあり、一重項状態（1個）と三重項状態（3個）である。

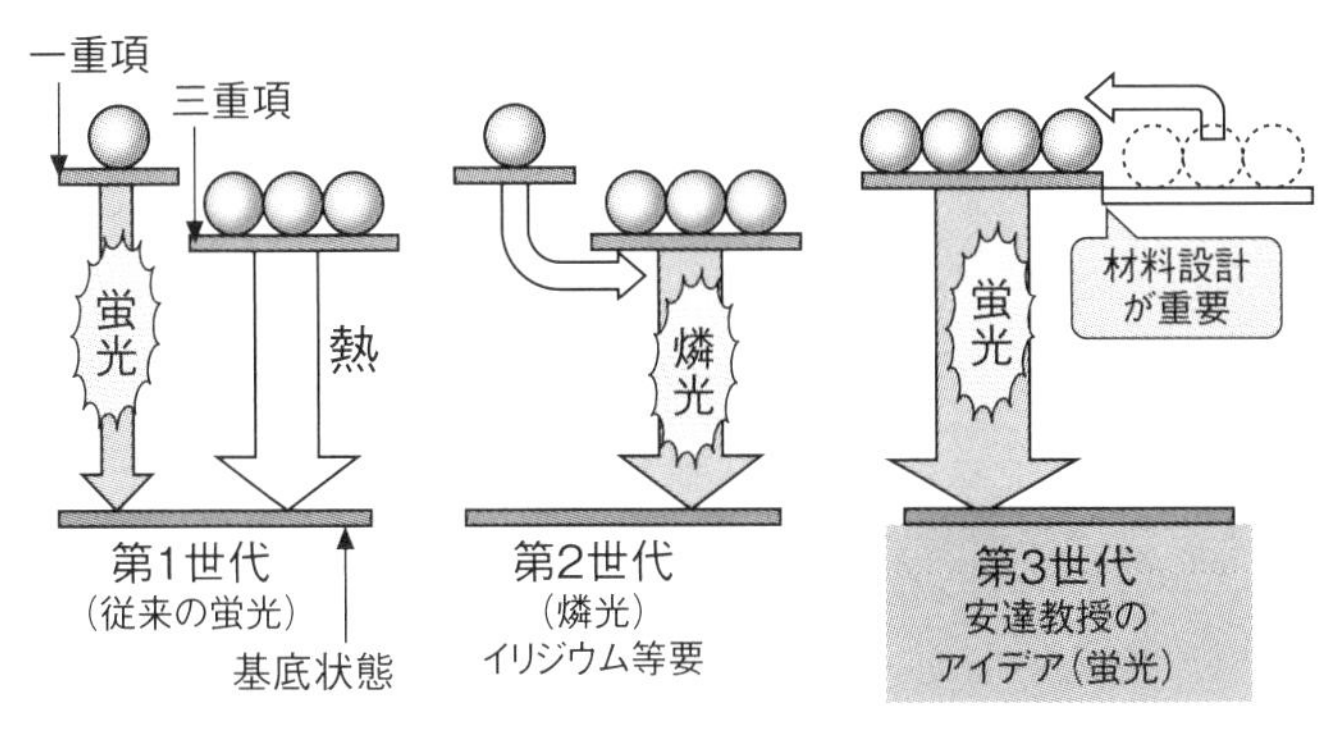

図11－11　有機ＥＬの発光メカニズムとTADFの優位性
(KyuluxのHPから著者作成)

第1世代は、一重項励起状態からエネルギーの低い基底状態に移り「蛍光」を発光する材料で、この効率は、上記の理由から最大で25%しかない。

第2世代は、三重項状態から「燐光」を発光させる材料で、効率は75%から最大100%になる。しかし、「燐光」には、イリジウムやプラチナといった高価な材料が必要となるのが大きなネックになっている。

第3世代の安達教授のアイデアは、三重項状態と一重項状態のエネルギー差が小さくなるように分子設計するものだ。熱エネルギーを得て、三重項状態から一重項状態に移り「蛍光」を発光する。理論的には効率100%に近づく。

安達教授は言葉を続ける。

「2010年、日本学術振興会（JSPS）の最先端研究開発支援プログラム（FIRSTプログラム）の公募がありました。アイデア段階で効率0・1%でしたが、思い切って応募しました。６００人程度の応募があり、それを40名ほどの審査員が審査します。専門外の人にも分かりやすく提案することを心掛けたのがよかったのか、対象者30人の１人として採択されました。その結果、人件費と装置費で、５年間で32億円の研究費をいただくことができました。これで研究に弾みがつき、２０１２年12月、内部ＥＬ発光効率１００％を達成したのです」

ＦＩＲＳＴプログラムは、世界のトップを目指す先端的な研究開発支援プログラムだ。応募のあった研究者の中からトップの30人を選び出し、１人に約15億円から60億円のプロジェクトを任せるという非常にユニークな制度だ。同プログラムの支援を受けた研究者には、京都大学の山中伸弥教授や、島津製作所の田中耕一氏など、ノーベル賞受賞者もいる。また、ディスプレイ分野では、ディスプレイ用の新しい薄膜トランジスタ（ＩＧＺＯ‐ＴＦＴ）を発明した東京工業大学の細野秀雄教授もいる。

こうした先進的なＦＩＲＳＴプログラムだからこそ、アイデア段階で効率０・１％であった提案が採択されたのだ。

「２０１３年には、科学技術振興機構（ＪＳＴ）が行う創造科学技術推進事業（ＥＲＡＴＯ）にも選ばれました。こちらでは、新しい光エレクトロニクスデバイスの創製を目指していきます。挑戦し続けるモチベーションの元は『有機物で世の中を変えたい』という思いです」

安達教授が発明したＴＡＤＦを実用化するのが九州大学発のベンチャー企業「Kyulux」だ。安達教授自身は、共同創業者であり、技術アドバイザー等の役割を担う。

私はKyuluxを訪れ、すぐ近くにある、同社の有機ＥＬ素子を試作している有機光エレクトロニクス実用化開発センター（i3-opera）を見学させてもらった。

i3-operaは、福岡県産業・科学技術振興財団が、経済産業省の補助金を受け、九州大学、福岡県、福岡市の協力のもと、有機ＥＬの実用化を行う目的で、２０１３年4月19日に開所した施設だ。

まず目に入ったのは、多くの反応室を持つ成膜装置である。成膜室内に移動できるマスクが設けられており、３色蒸着方式が可能である。i3-operaは、オペレーターも雇用しており、Kyuluxが依頼するレシピに沿って1枚いくらで成膜してくれる。

Kyuluxのオフィスは、九大から約１㎞の福岡市産学連携交流センター内にある。筆者は、Kyuluxにて、同社の共同創業者の一人、ＣＦＯの水口啓氏にインタビューを試みた。

水口氏は、ベンチャーキャピタル「九州ベンチャーパートナーズ」の社長として活躍していたが、安達教授の新技術を紹介され、２０１５年3月のKyuluxの創業に参画したと言う。

「資金を出す投資家から資金を獲得する起業家へ、つまりピッチャーからキャッチャーへ転身したわけですが、違和感はありませんでした。

ただ、投資家からの出資を得るまでの道のりは容易ではありませんでした。日米両国で売り込みをしましたが、有機ＥＬの寿命がなく、事業計画はただの紙芝居であり、可能性の話しかできませんでした。投資家との面談は４００回程度実施しましたが、全部ダメでした。

ですが、サムスンとＬＧとの交渉でポジィティブな反応があった。『興味深い。協力できるならしたい』と。

２０１５年11月にアップルがiPhoneに有機ＥＬを採用すると発表したことで、風向きが大きく変わりました。途端に日本のベンチャーキャピタルから電話が殺到しはじめたのです。サムスン、ＬＧに加え、ＪＯＬＥＤなどからも出資の打診が相次いできました」

Kyuluxは、最初の出資額として15億円を計画していた。

「サムスンやＬＧは『全額、うちが出してもいい』とまで言ってきました。

しかし、ＦＩＲＳＴプログラム等で国から約50億円を得ていること、ＴＡＤＦが有機ＥＬ材料の起爆剤になる可能性が高いことなどから、複数社からの出資にこだわりました」

そこでサムスンとＬＧの出資額を抑えてもらい、ＪＯＬＥＤや多くのベンチャーキャピタルからの出資を得て、ついに15億円の調達に成功したのだった。

「現在は、従来の蛍光材料にＴＡＤＦを添加する『ハイパーフルオレッセンス』の開発に取り組んでいます。狙った色が高い輝度で得られる特長を持ち、出資者からも『画像をくっきりさせる』と高い評価を得ています。この状況を基に、まもなく25億～30億円の資金調達を実施するつもりです」

ＴＡＤＦに従来の蛍光材料を添加するコンセプトは、「機能分離」であるとの説明を受けた。つまり、一つの材料で二つの機能を満たそうとすると、双方の機能を最高性能まで発揮できないトレードオフが発生する。二つの材料で「機能分離」すると、機能を二つの材料に分離して、それぞれの最高性能を出せると理解できる。この「機能分離」で、蛍光剤の性能を飛躍的に高めるのだという。

ＪＯＬＥＤ、Kyuluxともに技術的可能性は高い。他の日本企業も頑張っている。

今後は日本企業のマネジメント力が問われる。つまり「技術経営」必須の段階になるはずだ。日本の競争力を高めるために、日本有機ＥＬ陣営の活躍に期待したい。

シャープ液晶のライバルJDIの瀬戸際

シャープの中小型液晶のライバルが、ジャパンディスプレイ（ＪＤＩ）であり、因縁の戦いを続けてきている。

東芝、日立、ソニーの3社と官民ファンドの産業革新機構は、２０１１年11月15日、中小型液晶パネルの新会社を設立することで正式合意した。この新会社ＪＤＩの中小型液晶パネルの世界シェアは20％を超え、シャープを抜いて首位になった。ＪＤＩは、スマホ用液晶の高機能化と市場拡大で需要が拡大し事業は好調だった。そして統合から2年後の２０１４年3月19日に、株式を公募価格９００円で売り出した。時価総額は５４００億円規模の大型上場だった。

しかし、ＪＤＩは、主力の液晶パネルは韓中メーカーの台頭で急速に競争力を失った。また、市場や製品トレンドの変化を読み誤った。ＪＤＩは石川県白山市に１７００億円を投じて液晶パネル工場を建設し、２０１６年末に稼働した。しかし、最大顧客のアップルは既に有機ＥＬに舵を取り、２０１７年9月12日に発表した最上位機種に採用した。液晶から有機ＥＬへの変化を読み誤ったことが致命傷になった。それでは、なぜ読み誤ったのか？　筆頭株主の産業革新機構や所管する経済産業省の意向も働き、機動的な意思決定を妨げたとの見方もある。

また、先に述べたように、産業革新機構が、シャープへの投資について鴻海に負けて、シャープの液晶部門とＪＤＩの統合が実現しなかったことも大きく影響している。

また、ＪＤＩは、先に述べた「印刷方式有機ＥＬ」で期待されるＪＯＬＥＤへ、２０１７年末までに出資比率を15％から51％に引き上げて子会社にする予定であった。ＪＯＬＥＤが親会社ＪＤＩを支えることが期待されていたのだ。しかし、ＪＤＩは、２０１８年３月30日、ＪＯＬＥＤを子会社化する計画を撤回すると発表した。自社の経営再建を優先するためだ。そこまでＪＤＩは資金繰りに窮していた。

ＪＤＩは、２０１９年２月14日の決算発表で、２０１９年３月期が５期連続の赤字になるとの予想を明らかにした。売上高の過半数を依存するアップル向けの販売失速で収益が悪化し、資金繰り懸念は急速に高まっている。

このため、受注減少が深刻化した２０１８年末から、中国ファンドのシルクロード・インベストメント・キャピタルが主導する企業連合との出資交渉を進めている（日本経済新聞２０１９年２月15日）。台湾や中国の企業の参加の方向で交渉されている。

２０１４年３月の上場時の公募価格は９００円だったが、一度もこの価格を上回らないだけでなく、２０１９年２月末時点の株価は71円と10分の１以下に沈む。

ＪＤＩの再建は、時間との戦いであり、瀬戸際まで追い込まれている。

第12章

「すり合わせ国際経営」と「共創」

戴社長に説明した「すり合わせ国際経営」の意義

戴社長と面談した際、私が2015年から提唱していた「すり合わせ国際経営」を説明したことは既に記したが、この「すり合わせ国際経営」について、経営学の視点から、その発想の原点や新規性について、改めて記載しておく。

日本の強みを活かす：「組織的知識創造」と「すり合わせ」

「すり合わせ国際経営」発想の原点は、日本のものづくりの強み、つまり競争力の源泉はなんだろうかという問題意識である。

私はその答えとして「組織的知識創造」と「すり合わせ」の二つを挙げたい。

「組織的知識創造」は、野中郁次郎氏と竹内弘高氏が提唱したもので、戴社長の鴻海流「日本型リーダーシップ」の項（第3章）で既に述べてあるが、要点を採録しておく（野中・竹内1996）。

「形式知」とは、言葉や文字、図表などで表現できる知識である。マクドナルドは、「マニュアル」で従業員を指導するが、「マニュアル」は「形式知」である。これに対して、「暗黙知」とは、言葉に表わし難い知識である。刀鍛冶には「マニュアル」は無く、師匠である刀鍛冶の技を見て盗むのである。日本の企業では、多くの業務に「マニュアル」は無く、オン・ザ・ジョブ・トレーニング、つまり、先輩と一緒に実務を行って業務内容を覚える「暗黙知」を重視した方法を取っている。この個人の「暗黙知」が、グループでの対話による共同思考から、言葉として「形式知」へと変換され、さらに連結する。そしてこれを組織的に増幅し、より高いグループや組織で形にされる。この個人から組織へ拡大する「組織的知識創造」が、日本の競争力の源泉である。要するに、「日本型組織」は、「暗黙知」を以心伝心で「グループ中心」に共有し、個人から組織へ拡大する「組織的知識創造」を行っているのが強みだ。

日本の第二の強みは、「亀山モデル」の強みとして既に述べた「すり合わせ」である（第5章）。この「すり合わせ」は東京大学の藤本隆宏教授が提唱した考え方である（藤本2004）。ここまで「すり合わせ」とは何かを、亀山工場の事例等を挙げながら説明してきた。「すり合わせ」のプロセスとは、「お互いの知識を共有し相手の状況を読みながら微調整を繰り返す」ことである。

この日本的な「すり合わせ」の考え方の対極に、欧米的な「モジュール」の概念がある。

「モジュール」とは、「構造的に独立している単位であり一緒に寄せ集められてシステムとして働くもの」である。「モジュール」は、「デザイン・ルール」と呼ばれる規格により、一つ一つに分断されている。例えば、USB（Universal Serial Bus）は、コンピュータ等の周辺機器を分断して、それらの接続を可能にするための規格の一つであり、「デザイン・ルール」だ。USB規格で分断された機器、例えばUSBメモリー、USBディスプレイ、USBキーボードは「モジュール」と言える。これらの「モジュール」を組立てることで、システムとしての商品が出来上がる。モジュール化によるものづくりでは、短時間にある程度の機能の製品をつくれるという長所がある。

繰り返しになるが、例えば鴻海は、部品等の「モジュール」を自社で生産しておらず、主たる事業としてEMS（電子機器受託生産）を行っている。アップルの設計に則り、ディスプレイや半導体等の「モジュール」を日本や韓国から購入して、「モジュール」を組立てる業務を主に行っている。このため、設備投資と人海戦術を必要としている割には、利益率が低い。

日本は、きめ細やかな連携と調整能力を持っており、「モジュール化」ではなく「すり合わせ」に強い。

「すり合わせ」の国際化：「すり合わせ国際経営」

私は、日本の強みである「組織的知識創造」と「すり合わせ」を統合し、また仮想空間にまで拡張した「すり合わせ国際経営2・0」を提案している（図12－1）。

このモデルは、三段階からなっている。

まず、第一段階は、世界から見込みのある知識を局所的な地域に収束する「知識収束」。次の第二段階は、最も重要な段階であり、ローカルな組織間での「すり合わせ」により知識創造を行う「知識共創」。

そして、最後の第三段階は、共創した知識をグローバルに発散させ価値と利益を最大にする「知識発散」である。

第一段階の事例として、私自身の例を挙げよう。

1997年から3年間シャープ・アメリカ研究所で米国勤務をしていた時、シリコンバレー等で新しい技術の種を「目利き」し、日本に技術移転することを仕事のひとつとしていた。つ

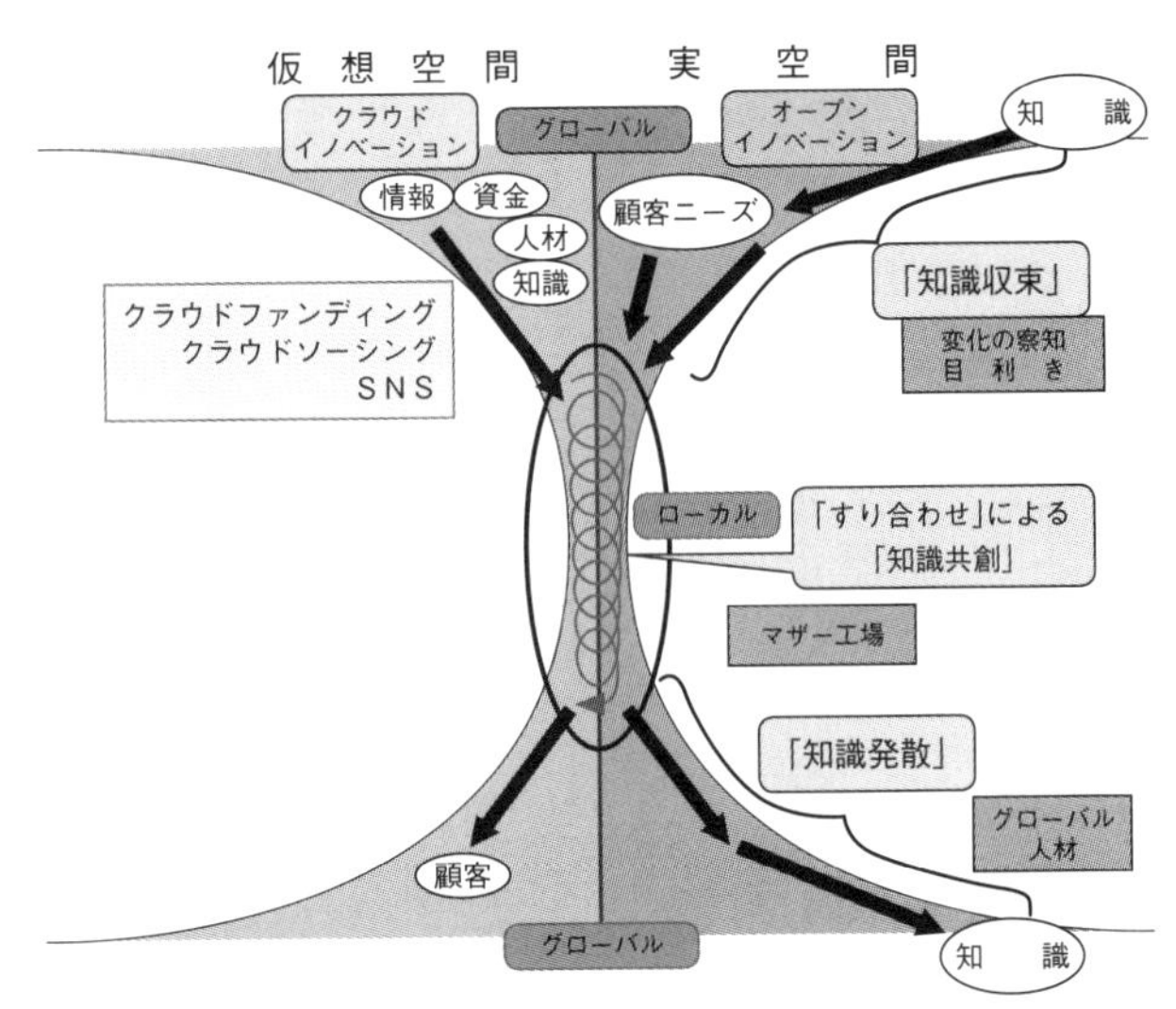

図12－1「すり合わせ国際経営2.0」のコンセプト
（著者作成）

まり米国のベンチャー企業を相手に、今でいう「オープンイノベーション」を行っていたのである。この仕事は「知識収束」であり、いま述べた第一段階のアイデアを発想する原点となった。

第二段階は、このモデルの一番の肝であり、実空間における「『すり合わせ』による『知識共創』」である。

日本は組織間で協力して「すり合わせ」て価値創造する、特にモノより知識を創造する「知識共創」が得意である。

重要なのはこの「『すり合わせ』による『知識共創』」を日本で行うことである。研究開発力を持ち、「すり合わせ」の得意な日本企業が最も力を発揮できる分野だからだ。この第二段階は亀山工場における「すり合わせ」の事例から発想した。

第三段階は「すり合わせ」によって「知識共創」したものを、いかにしてグローバルに展開していくか、つまり「知識発散」と名づけているプロセスである。生産コストや、後のマーケットを考慮して、グローバルかつ最適な場所で生産するのがよい。つまり「最適地生産」である。

この第三段階の「知識発散」を実行するには「グローバル人材」の育成が不可欠である。この「グローバル人材」の育成については、私が所属する立命館アジア太平洋大学の好事例を後で紹介する。

要するに「すり合わせ」のグローバル化である。日本の強みである「組織的知識創造」と「すり合わせ」を統合した「『すり合わせ』による『知識共創』」を肝にして、「オープンイノベーション」と「最適地生産」を統合した。これが、「すり合わせ国際経営」の要諦である。

この考えを基に、鴻海・シャープ連合の事例のように、アジアの「国際提携」が重要であることを指摘しておきたい。

なお、「すり合わせ国際経営」の仮想空間部分は後述する。

鴻海・シャープ連合による「すり合わせ国際経営」

シャープは研究・開発に強く、鴻海は生産・販売に強い。両社の強みは、相互に補いあえる「補完関係」にある。このため、両社の強みを活かした「すり合わせ国際経営」により、国際競争力を強化できる。

そこでこのシャープ・鴻海連合の活動を、「すり合わせ国際経営」に基づいて見てみよう。

第一段階の「知識収束」では、シャープは、私がかつて行っていたように、シリコンバレー等の先進国での「オープンイノベーション」を活用し、先進国から見込みのある技術等の知識を集めることができる。一方、鴻海は中国や台湾をはじめとするアジア市場の顧客ニーズが集められる。

第二段階の「『すり合わせ』による『知識共創』」では、シャープの研究・開発力を活用した先端技術を、鴻海の生産技術力と部品調達力を用いて、安く商品化する。これは多くの商品に応用可能である。

第三段階では、シャープで開発した商品を、鴻海の中国工場等で安いコストで「最適地生産」する。

日本は、組織間で協力して「すり合わせ」て価値創造する、特にモノよりも知識を創造する「知識共創」が得意である。シャープ・鴻海連合の「補完関係」を活用して、「すり合わせ国際経営」を実践できる。

さらに「国際垂直統合」から「共創」へ

「すり合わせ国際経営」の第二段階の「『すり合わせ』による『知識共創』」を、さらに深く分析すると、「国際垂直統合」と「共創」の二つのレベルに分けて考えることができる。

シャープの亀山工場は、上流の部品である液晶パネルと、液晶テレビ組立の工場が同一場所にあることから「垂直統合」と呼ばれる。

そこでグローバルに上流と下流を連携することを、「国際垂直統合」と呼ぶことにする（図12－2左）。資本関係の「強い関係」がある場合は「統合」、資本関係のない「弱い関係」の場合は「分業」と区分することにした。このため鴻海とシャープは「強い関係」にあり「国際垂直統合」と呼ぶのがふさわしい。

2018年8月3日、シャープは、白物家電の自社生産を国内から撤退し海外に移すと発表した。この時シャープは自社の役割を3分野に絞り込むとした。「技術開発」「サービスなどの

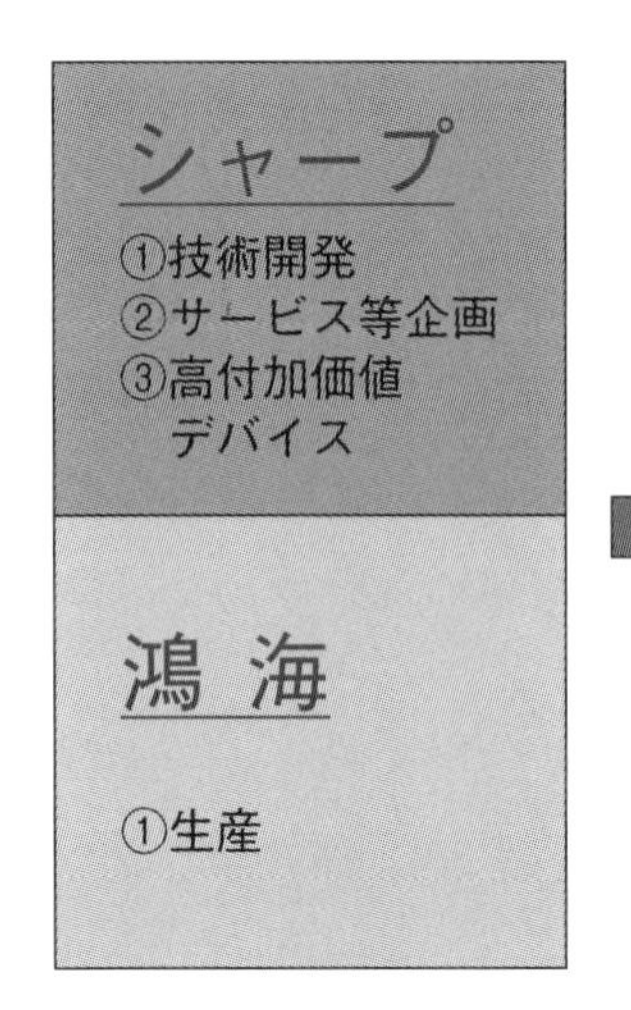

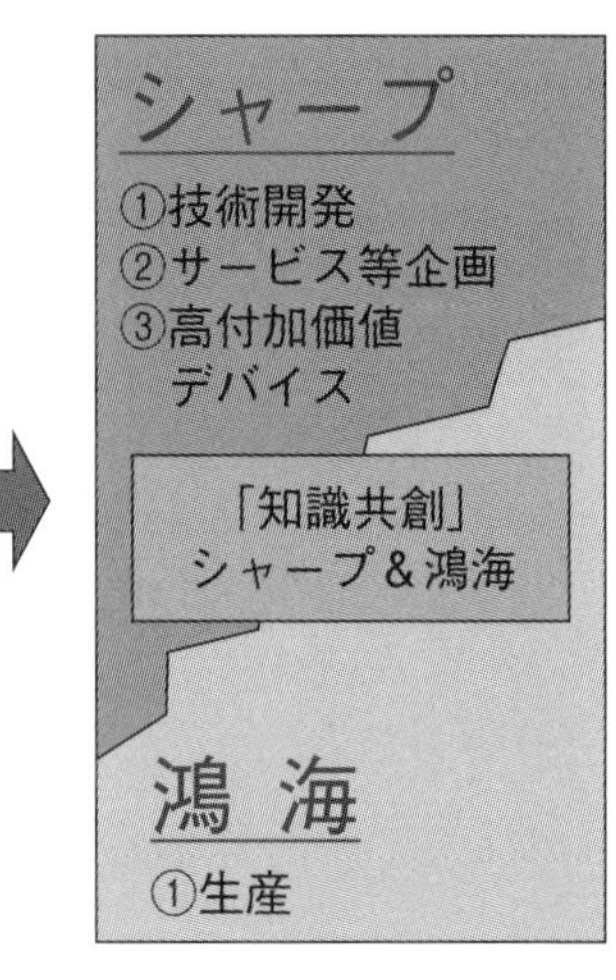

図12－2「国際垂直統合」から「共創」へ
（著者作成）

企画」「高付加価値のデバイス量産」である。「生産」は鴻海が中国等に持つ拠点を活用して行う。

そのことに関して戴社長は、こんな発言をしている。

「国内生産は技術力のあるデバイスに限り、商品は海外で生産する」

まさに、私が２０１５年に提唱した「すり合わせ国際経営」の神髄だが、これだけではお互いの強みを単に分担した「国際垂直統合」（図12－２左）の段階であり、不十分だ。

私が期待しているのは、「補完関係」にある強みを分担するだけでなく、「補完関係」にある強みを「すり合わせ」て、更に付加価値の高い「知識共創」（図12－２右）を行うことである。

佐々木正シャープ元副社長から「共創」の指南

先に述べたように、やっと「『すり合わせ』による『知識共創』」という概念に行きついた。しかし、シャープ元副社長の佐々木正氏は、既に「共創」の概念を提唱されており、NPO法人新共創産業技術支援機構（ITAC）を立ち上げられ、理事長もされていた。

佐々木正氏は、シャープ時代に、電卓の開発を始め数々の功績を残しているが中でも注目すべきは、電卓用集積回路にまつわる事例であろう。

小型で安価な電子計算機の発売を目指していた佐々木氏は、それに必要不可欠な集積回路を生産してもらうため、国内外20社以上の半導体メーカーを行脚して頭を下げたが、量産が難しくリスクが高いとして全ての企業から供給を断られていた。

1968年、頼みの綱だったアメリカで万策尽き、いよいよ日本に帰国という日、ロサンゼルスの空港で帰りの便を待っていたところ、場内アナウンスで佐々木の名前が呼び出された。何ごとかと思いつつ名乗り出ると「用意したヘリコプターに乗って戻って来てほしい」とのメッセージが届けられていた。そのメッセージを送ってきたのが、当時NASA（米航空宇宙局）にもアポロ計画用のLSIを供給していた半導体メーカーロックウェル社であった。結果、同社が電卓向けの集積回路の生産を請け負ってくれることになり、佐々木は悲願であった小型省電力の電卓の開発に成功したのである。

1977年に、ソフトバンクの創業者孫正義氏が「音声付き電子翻訳機」を売り込みに来て、佐々木氏は電卓を生産する産業機器事業部へ紹介すると共に、研究費を支援した（佐々木2005）。孫氏は、米国留学後、帰国しソフトバンクを設立して、シャープ東京支社に佐々木氏を訪問した。孫氏の「一億円の資金が必要」との依頼に対して、佐々木氏が銀行に口を利いた結果、融資が実行された。孫氏にとって、佐々木氏はソフトバンクの恩人である

こうした佐々木氏のオープンマインドで、学生時代から堪能であったという英語、ドイツ語、中国語を駆使し、国内・海外にこだわらず、様々な企業と手を組み、提携して、新しい商品・事業が創造されてきたのだ。

このようなシャープでの経験を伝えるため、佐々木氏はITACを基盤に「共創」という概念の伝道者の役割を努めてきたのである。

その佐々木正氏には、1992年に工学博士をいただいた時に挨拶にうかがって以来だが、2012年9月24日に行われたITACの講演会で「共創」についての話をうかがう機会を得た。

シャープと鴻海の提携は「共創」になり得るかという問いに次の回答を得た。

「私は鴻海のＣＥＯである郭台銘（テリー・ゴー）の父親と同級生でした。郭氏の性格や文化的側面も提携に影響します。信頼関係の構築が重要です」

また、シャープの創業者である早川徳次氏は、相手にまねされるようなものをつくれという言葉を残しているが、この件に関して、創業者早川徳次氏の薫陶を受けていた佐々木氏の意見をうかがった。

「次から次へ創り出すことが重要です。このために、ＮＰＯでも、『共創』のためのプロジェクトを行っています」という答えが返ってきた。

佐々木正氏の「共創」の考え方をうかがうことができたと共に、96歳という高齢にもかかわらず「共創」を広めようという大きな志が伝わってきた。

また、私の行きついた「『すり合わせ』による『知識共創』」は、佐々木氏のいう「共創」と同じなのだという思いを強くした。

佐々木正氏は、２０１８年1月31日に、１０２歳で亡くなられた。

私自身は長い道のりを経て「共創」に至ったが、佐々木正氏の「共創」の概念の学術的な支柱になれば幸いである。

鴻海とシャープから「共創」が始まる

シャープと鴻海の提携で、「共創」によって新しい価値創造が始まっていることは既に述べたが、その具体的な事例をいくつか紹介しておく。

シャープの電気鍋「ヘルシオホットクック」（図12－3）は、シャープが鴻海と共同開発した製品である。もともとシャープはこれを単独で開発していたが、製品化の鍵といえる「かき混ぜ回転ユニット」の開発が停滞していた。そこで精密機械のプロフェッショナルグループである鴻海が、「かき混ぜ回転ユニット」の設計についてアドバイスを行った結果、電気調理鍋が完成したのである（毎日放送「密着！シャープ年末商戦！」２０１６年12月19日）。

また、コードレススティック掃除機「ラクティブ　エア」（図12－4）は、重量をこれまでの2・4キロから1・5キロに減らすことができた（毎日放送２０１６）。鴻海が調達した炭素繊維強化樹脂「ドライカーボン」と呼ばれる軽くて耐久性のある新素材を使用したためである。シリンダーの厚さは従来の半分の１㎜以下だが、強度は以前と同じである。

また、２０１６年12月に発売した、キャニスター式コードレス掃除機「ラクティブ　エア」

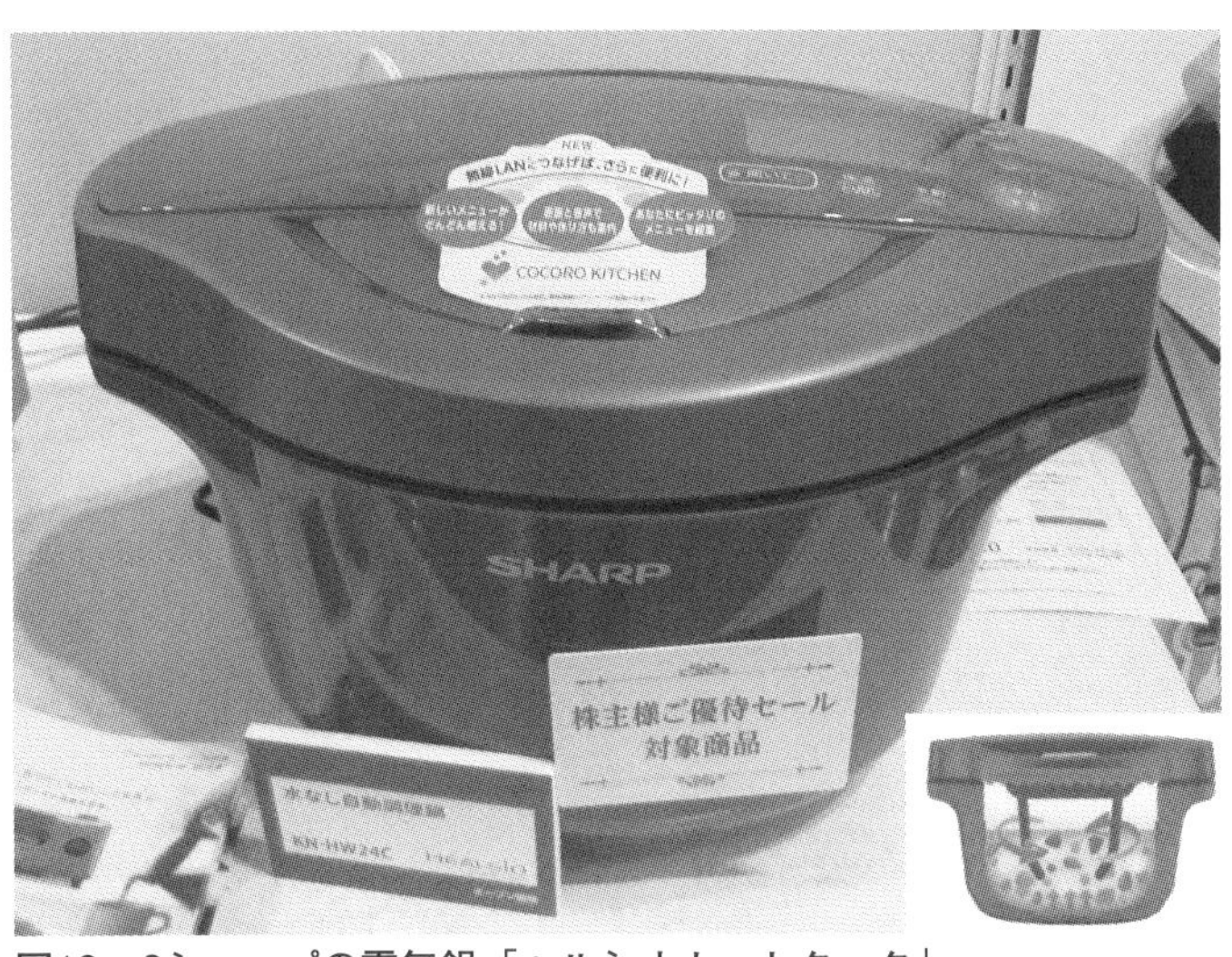

図12－3シャープの電気鍋「ヘルシオホットクック」
（著者撮影）右下部は「かき混ぜ回転ユニット」の透視図

がある。「キャニスター式」とは車輪がついていて手で引っ張って移動させるタイプだ。本体とバッテリーのみの重量は1・8kg、これにホース、パイプ、吸込口含む全体重量が2・9kgと「世界最軽量」をうたう。この軽量化は、先のスティック型と同じく、鴻海の力をうまく活用して炭素繊維強化樹脂「ドライカーボン」を用いることで実現した。

鴻海はEMSであり、部品調達力は強く、スマホ等だけでなく、家電品の部品までカバーしている事が実証されたわけである。

また、鴻海が社内に保有する金型技術者や装置を使って、金型開発日程を早め、商品の開発期間を短縮した事例もあった。

また、テレビ大阪が2018年8月28日に放映した『ガイアの夜明け「独占！復活のシャープ』』で、「すり合わせ」と「共創」の事例が放送されたので、その内容の要点を以下にまとめておく。

シャープの設計で国内生産していた電気鍋「ヘルシオホットクック」のモデルチェンジを検討するに当たって、この鍋の普及を促進させるためにはコストを下げることが一番の課題であった。そのために、新しく開発する商品は、シャープと鴻海で「合作・共同開発」し、鴻海の中国工場（煙台）で生産することになった。

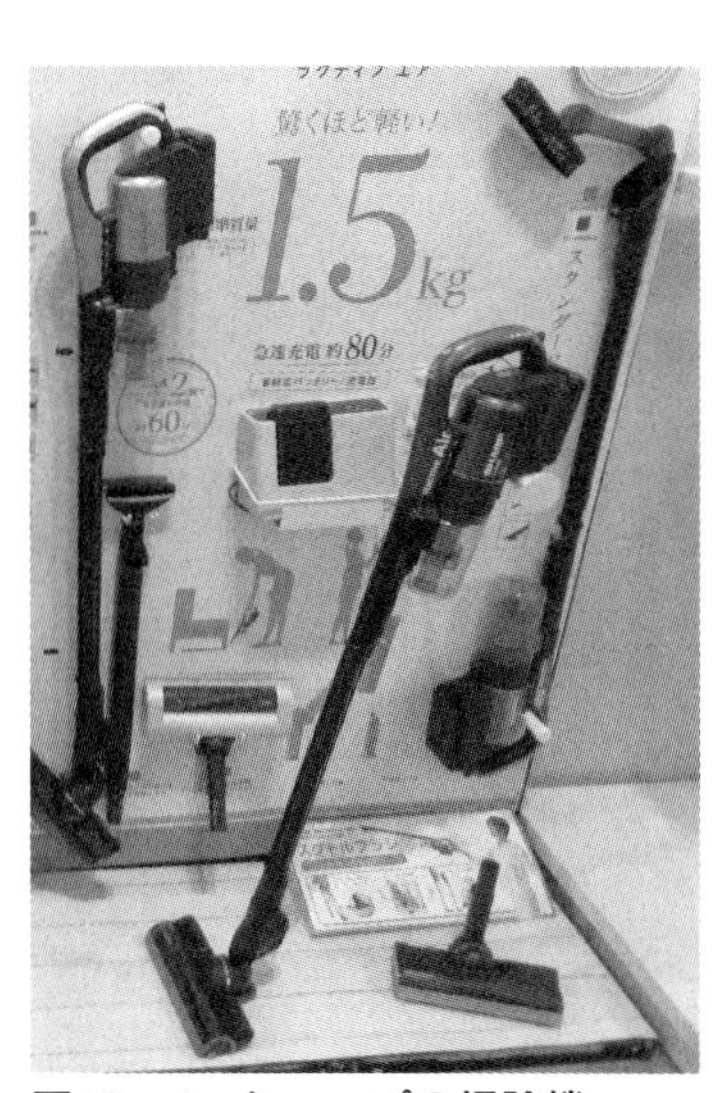

図12－4　シャープの掃除機「ラクティブ　エア」
（著者撮影）

シャープ内では「合作・共同開発」という言葉が使われているが、前出の佐々木正氏や私が言う「共創」と同じ意味であり、「すり合わせ国際経営」を計画しているということになる。

シャープの八尾工場と鴻海の中国工場（煙台）の間で、テレビ電話を通してこんなやり取りがあった。

シャープ責任者は、次のように言った。

「鴻海とシャープで、この1年間、合作のヘルシオホットクックを頑張ってやってきました。

しかし肝心のコストがまだ目標に達していません」

国内生産に比べ15％のコスト削減を目指している。しかし、まだ多くの部分で目標を達成できていなかった。

「鴻海とシャープで、設計そのものをかなり工夫したと思う。大きいのが元々シャープで設計していた部品です。合作は小型にした。見るからに小型にできている。でも２・３％しかコストが下がっていない」

それに対し、鴻海中国工場の担当者は答えた。

「材料は小さくなっていますけど、中国の人件費は上がっています。だからコストは材料の寸法に比例しないということを考えます」

こうした会議は、生産が始まってからも続く。

ビデオはここで終わっているが、鴻海とシャープが「共創」により部品自体を設計していること、鴻海とシャープがテレビ会議で「すり合わせ」を行っていることが判る。

シャープと鴻海の間で、「すり合わせ国際経営」が行われ、「共創」の萌芽が見られることは、評価できる。

「共創」がさらに高度なレベル、例えば「新興国向けテレビ」等の開発につながればと期待している。

また、この『ガイアの夜明け』では、インドネシアで行われている「グローバルマーケティング」と生産の事例が紹介された。

インドネシアでは、イスラム教徒が多く、イスラム教徒向けの商品、「ローカルフィット商品」を開発している。イスラム教で禁じられているアルコールを使わず、他の代替品で庫内清掃をしてハラル認証を得た「ハラル冷蔵庫」である。もう一つは、女性が頭にかぶるヒジャブを洗濯しても傷まない「ヒジャブモード」を設けた「ヒジャブ洗濯機」である。「ヒジャブ洗濯機」では、洗濯機の洗濯翼を回すタイミングを変更するだけで、追加コストゼロでありながら、女性からの高い人気を得ている。

グローバルな市場を相手にし、「最適地生産」する場合「グローバルマーケティング」は、非常に重要なポイントである。

鴻海傘下になり生まれる「ベンチャー精神」

鴻海の傘下に収まって以降、シャープでは新しい動きが始まっている。「ベンチャー精神」を活気づける活動だ。

鴻海の傘下になってからシャープにとっては2回目の「CEATEC Japan 2017」が、201

7年10月3日から6日に幕張メッセで開催された。

シャープは、IoTとAIを合わせたAIoTと8Kをメインのコンセプトに、8Kのディスプレイ等も出展された。

それ以外に、シャープは大きく変わった。ベンチャー事業の立ち上げの新しい動きである。以前は、液晶のように、巨額投資によって大きな利益を上げる事業が中心に置かれていた。それが鴻海の傘下になったことで「ベンチャー精神」を取り入れる動きが出てきたのだ。

そのことを象徴するのが「funband」という、用途特定腕時計型ウェアラブルデバイスだ。腕時計型ウェアラブルデバイスへの参入が後発であるため、ソフトバンクホークス、ベイスターズ、カープ等の野球チームに特化したものを開発したとのことで、価格は約1万円である。

また、ベンチャー起業を支援する研修プログラム「SHARP IoT.make Bootcamp」も行っている。シャープの量産・品質管理ノウハウ等を、スタートアップベンチャーへ伝授する研修プログラムだ。

また、液晶の技術を基に、クラウドファンディングを活用して、社内ベンチャー「テキオンラボ」が開発した蓄冷材を展示していた（図12-5）。

シャープの社内ベンチャー「テキオンラボ」と、日本最大級のクラウドファンディングサービス「Makuake（マクアケ）」および石井酒造株式会社（埼玉県幸手市）の3社協業プロジェ

図12－5　液晶技術を用いシャープ「テキオンラボ」が開発した日本酒蓄冷材
（CEATEC2017 著者撮影）

ト「マイナス2℃で楽しむ日本酒『冬単衣（ふゆひとえ）』」が成功した。

石井酒造株式会社は、雪がとけるように味わいが変わる「雪どけ酒」冬単衣を提供する。これを支えるのが、「テキオンラボ」の飲料ボトルを覆う保冷カバーだ。Makuakeが両者をマッチングした。日本酒業界においてこれまでになかった、マイナス2℃で味わう全く新しい日本酒体験を提供するものだ。

目標金額 100万円に対して約1870万円を2,249人から獲得し、1869％の達成率を得た。

シャープは、社内ベンチャー「テキオンラボ」を立ち上げて、飲料ボトルを覆う保冷カバーを提供し、クラウドファンディングで商品化した。保冷カバーは、蓄冷材を内蔵し冷凍庫などで冷凍させてから利用する。蓄冷材は、マイナス24～28℃の間の設定温度を一定時間保つ様に設計できる。茶や酒などの保冷・保温に応用していく意向だ。開発した蓄冷材は、水をベースにしており、化学材料を混ぜている。化学材料の種類や含有量などは非公開だ。液体と固体の間の材料である液晶の研究を長年続けて蓄えた知見を、固体から液体に変わる（相変化する）温度の制御に生かしている。「テキオンラボ」代表の西橋雅子氏が経営を、CTOで博士（工学）の内海夕香氏が材料の研究開発を担っている。

『冬単衣』の事例では、起業のための資金を獲得するよりも、顧客がどのような嗜好傾向にあるかを探る、つまり精度よくマーケティングすることに重点が置かれている。

社内ベンチャー育成プログラムや、社内ベンチャーの分社化である「カービングアウト」等を、パナソニック等の大企業も行っている。新規事業の種を探すためと、新規事業に挑戦したい社員のモチベーション向上のためだ。

遠距離でもすり合わせられる「クラウドイノベーション」

先に述べた『冬単衣』は、「すり合わせ国際経営2・0」（図12－1）に新しく付け加えた「仮想空間」の事例にあたる。そこでこの「仮想空間」におけるコンセプトを紹介しておく。

最近経験したある出来事によって私は目から鱗（うろこ）が落ちた思いがした。それまでは

「すり合わせ」は実空間で、フェイス・ツウ・フェイスの近接距離で行うものと考えていたが、SNS（ソーシャル・ネットワーキング・サービス）の一つである「LinkedIn」を使って、その中にあった太陽電池グループの参加メンバー全員にあるひとつの質問を投げかけた。すると翌日にはなんと海外のメンバー二人から情報提供を受けたのである。

質問は、太陽電池に関する極めて専門的なことだったにも関わらず、ボストンの半導体関連企業の半導体プロセス担当の部長は、それに関する四つの技術論文の情報を私に教えてくれたのである。また、インドの太陽電池製造企業のプロセス研究者からも、同じような技術論文の情報が送られてきた。

私はこのとき、ネットの威力をまざまざと見せつけられた思いがした。これは、実空間でつき合いのある技術者に当たっても決して得られない情報だったからだ。

この経験から私は、ネットが発達すれば、グローバルの遠距離でも「すり合わせ」が可能ではないかと考えるにいたった。

『冬単衣』では「クラウドファンディング」と呼ばれる、アイデアをネットで群集（クラウド）に公開し、賛同する人から資金を集めるという手法が使われた。

アイデアを公開して資金を集め、それで商品を作る。世界のクラウドに呼びかけることができ、そのなかの賛同者から資金を集められる。また、出資した人は出資金を出す代わりに作られた商品がいち早く手に入れることができることから、資金だけでなく、先に顧客を確保できるのだ。

クラウドソーシングもまた大きな発展を遂げている。クラウドソーシングとは、クラウドへの仕事の外部委託である。クラウドに向かって仕事内容を公開し、企業に属さない個人（フリーランス）に仕事を依頼する。これは、社員を雇うよりコストがかからず、効率的でもある。

クラウドファンディングやクラウドソーシングのような、インターネット上のプラットフォームを使えば、いまや「資金」「情報」「人材」「知識」を集めることが可能になった。

この仮想空間を利用するという概念を、私は「クラウドイノベーション」と名付けたわけだが、この「クラウドイノベーション」と実空間のオープンイノベーションと併用しようというのが「すり合わせ国際経営２・０」である。

それによってなにが起きるか。まず起業しやすくなるという利点がある。

また『冬単衣』の事例で述べたように、クラウドファンディングはマーケティングにも活用されている。しかも高精度のマーケティングに、である。通常のアンケートなどによる市場調査では、単に印をつけるなどして意思表示するだけである。しかしクラウドファンディングでは企画に賛同した者は、サイトを運営するプラットフォーマーに先にお金を預ける必要がある。そうやって自腹を切っているため、その企画にコミットしようとする意識が高い。つまり、非常に精度の高いマーケティングが可能となるという特長がある。

個人から大企業に至るまで「クラウドイノベーション」を活用して、起業とイノベーションを促進する時代に入ったと考えている。

「グローバル人材」を育成するAPU

「すり合わせ国際経営」における第三段階の「知識発散」の実行には「グローバル人材」の育成が必要であるが、それに関しては、現在私が所属する立命館アジア太平洋大学の事例を紹介する。

「グローバル人材」の育成を使命とする立命館アジア太平洋大学（APU）は、2000年4月1日に、大分県別府市に開学した。

最近ではAPUが行った全国の大学でも例をみない「学長公募」という形で、ライフネット生命保険株式会社の創業者で会長であった出口治明氏が選出され、2018年1月に学長に就任したことで話題を呼んだ。

2018年11月現在、文部科学省が支援する「スーパーグローバル大学」の一校に選ばれており、全学生５８２９名の内、国際学生（留学生）が半数を上回る２９５２名が占めている。

そもそも、なぜこんなに沢山の国際学生が集められるのか？

いくつかの仕掛けがある。

一つ目は「多文化環境」である。学生だけでなく大学の教員も約半数が外国籍という多文化共生キャンパスなのだ。

二つ目は、「柔軟な入試制度」だ。年2回（春・秋）日本語か英語のいずれかで入学選考を受けることが可能で、受験生を集めるため、韓国を始めアジア各地に事務所を開設している。

三つ目は「日英二言語教育」。ＡＰＵのキャンパスは日本語と英語が「公用語」で、学部講義のおよそ90％は日英二言語教育を実施している。大学院だけなら、科目数が少ないため、二言語教育を行っている大学はあるが、学部となると、科目数が増えて実施が非常に難しくなる。

キャンパス全体を日英公用語にするためには、全ての大学事務を英語で行わねばならないため、英語を話す職員の雇用が必要である。

私自身のことを述べれば、２００４年から日本語と英語で「技術経営（ＭＯＴ）」を教えている。「技術経営」とは、技術をいかに商品や新規事業につなげて利益を上げるかを研究・教育するものだ。月曜日は日本語で「技術経営」を教え、火曜日は英語で「技術経営」を教えるという荒業を行うことになる。

この「日英二言語開講」が障壁となって真似することが難しい。名ばかりの国際大学が増えてしまっているのが現状である。

英語で入試を受けて入学してきた国際学生も、英語で授業を受けるかたわらで日本語の勉強もする。半分が日本人学生であるから、日常的に日本語で会話する機会も多いため、3年生になる頃にはきれいな日本語が話せるようになっている。中でも日本での就職を望む国際学生はモチベーションが高く上達が早い。

また英語が苦手だった日本の学生たちも、多文化環境と国際学生に刺激を受けてグローバルなコミュニケーション能力を身につけていく。こうして学生同士が互いに刺激し合うので、一般の日本の大学よりも学生活動が活発で、地域活動や国際貢献などに積極的に関わっている。こうした環境と仕掛けによって「すり合わせ国際経営」で重要な「グローバル人材」が育成できるのである。

ＡＰＵには「オンキャンパス・リクルーティング」という独自の就職支援システムがある。企業の就職担当者をＡＰＵに迎えて、会社説明会や筆記試験、面接といった採用の一連の流れをキャンパス内で行ってもらう。学生にとって大分から大阪や東京まで就職試験を受けに行くには、お金も時間もかかる。企業にとってもＡＰＵに直接来たほうが目的とする国の学生を採用しやすいという利点がある。

ＡＰＵには世界88の国や地域から学生が集まっており、アジアからの学生は２６０９名と全学生の44・８％を占めている。

例えば就職の対象学生は、韓国、インドネシア、ベトナム、中国からは各学年に１００名以上もいる。これは、学生と企業の双方にメリットがある。特に既にアジアに進出しているか、これから進出しようとしている中小企業にとって評判は非常に良い。

様々な国籍からなる私の元ゼミ生たちも、世界を舞台に「日本との架け橋」となる「グローバル人材」として活躍している。

日本とアジアの「共創」バリュー・チェーンへ

アジアにおいて、国際分業に基づく「ものづくりネットワーク」は近年激変している。以前の日本は競争力が高かったが、近年、韓国、台湾、中国の競争力が高まっていてアジアの地政学的バランスが変化している。

また、米中「ハイテク戦争」が勃発し、日本企業にも悪影響が出始めている。これまで常勝組というイメージがあった日本電産でも、２０１９年3月期について従来のプラス予想から一転して14％の減益との予想を発表して世間を驚かせた。中国の顧客の設備投資が鈍り、主力のモーター販売などが想定より減るからだ。

アジアにおける「ものづくりネットワーク」の激変の中で、日本企業は、どうやって生き延び、そして発展していくのか？

その一つのヒントが、シャープ・鴻海の提携にある。

シャープと鴻海の提携の成功を契機として、アジアの「ものづくり」ネットワークは新段階に入った。

鴻海とシャープ、両社の強みを活かした「国際垂直分業」はもとより、両社の「共創」が既にはじまっており、グローバル「共創」バリュー・チェーンへ発展が期待できる。

私が提唱する「共創」バリュー・チェーンとは、単なる垂直統合から脱皮し、お互いの特徴を活かして、「組織間知識創造」を活かして「共創」により価値創造するモデルである。単に「ものづくり」だけでなく、サービスも加味したバリュー・チェーンである。

シャープと鴻海の提携を契機として、グローバル「ものづくり」ネットワークは、「共創」バリュー・チェーンに発展する新段階に入ったと考えている。

おわりに

シャープが鴻海傘下で復活した。

シャープＯＢとして、素直によかったと思った。

でもなぜ復活できたのだろう？

それが、これまでシャープを分析してきた経営学者の気持ちだ。

私がシャープの技術者から大学の研究者に転身した２００４年は、亀山第１工場が稼働したばかりで、シャープは絶頂期にあった。このため、私の最初の研究は「液晶産業」、とくに「シャープの強み」の分析だった。この研究成果で、立命館大学ＭＯＴ大学院にから、２００9年9月25日に博士（技術経営）をいただいた。私の博士論文の主題は、「シャープの強み」、つまり「すり合わせ」による組織間の「知識共創」であった。

しかし、その後、シャープが経営危機に陥った。

そのため、シャープの敗戦理由を分析する2冊を出版する機会を得た。

『シャープ「液晶敗戦」の教訓』を２０１５年1月に実務教育出版から、『シャープ「企業敗戦」の深層』を２０１６年3月にイースト・プレスから出版した。

このため、いつかは、シャープ復活のポジティブな本を出版したいと念願していた。

そして、本書にも書いたように、シャープの戴社長からの依頼により、私の考え方を説明する機会を得た。戴社長と面談して、その人柄に触れ、是非とも本を書こうという気が起こされた。

これには、二つの伏線があった。

一つ目は、私が、ある学会で、電気自動車に関して日本型と西洋型の組織的知識創造について発表した時だ。

神戸大学吉原英樹名誉教授から次のコメントをいただいた。

「難しいことがあるかもしれないが、情報は一次情報を活用すること」

「事例研究法」という、個々の事例を深く調べる研究方法を用いていた。展示会等で調べた一次情報を用いていたが、比較対象に他の研究者の研究成果を二次情報として引用していた。この点をご指摘いただいた。

ご指摘に感謝すると共に、面談等で一次情報を骨子に研究することを肝に銘じた。

さらに良いことに、吉原英樹名誉教授が書かれた『「バカな」と「なるほど」』を熟読する機会となった。「バカな」は差別性、「なるほど」は、合理性ないし論理性を表している。この二つが競争戦略の基本であり、本書のストーリーの背骨となった。また吉原英樹教授の別の書籍に『「非」常識の経営』は、「事例研究法」のガイドラインとした。

二つ目は、阿部崇氏が、２０１７年6月から日本ビジネスプレス社のニュースサイト「JBpress」に異動され、ご挨拶のメールを頂いたことだ。雑誌記者をされていた時に、二つほどのシャープ特集記事に協力したことがあった。この挨拶メールに、機会があればインターネット記事を書かせていただきたい、と返信した。そして、シャープの東芝ＰＣ事業買収の記事を書く機会を頂いた。それから、シャープに関する七つの記事の機会を得た（詳細は参考文献の欄を参照ください）。

さらに、厚かましくも、阿部崇氏に書籍にしていただける出版社の紹介をお願いした。そして紹介いただいたのが、株式会社啓文社の漆原亮太社長だった。そして、出版を決断していただいた。

JBpressの七つの記事が、本書の骨子になっているのは、この理由だ。

さて、前書きに、一次情報をどの様な視点から分析したか、次のように書いた。

本書の大きな特長は、著者が次の三者の視点から、一次情報を分析したことだ。シャープで液晶の研究開発に係わった「当事者」、大学で「技術経営」を専門とする経営学者としての「分析者」、戴社長等多くの人と面談し一次情報を得る「インタビュアー」。

一次情報を骨子にするとも書いたが、どのようにして一次情報を入手したかをまとめておく。

「当事者」としては、シャープの液晶と太陽電池の研究開発に33年間勤務したと共に、液晶の技術、事業、産業について一次情報を持っている。もちろん企業秘密は開示せず「寸止め」している。更に、この知識・経験を活かして、米国のＣＥＳ、韓国のｉＭｉＤ、日本のCEATEC等の展示会・講演会で、最新の一次情報を入手した。

また、「インタビュアー」としては、次に紹介させていただく多くの方々に、インタビューの時間を取っていただいたことに深く感謝する。

シャープ株式会社　会長兼社長執行役員兼中国代表　戴正呉氏に、お忙しい中でお時間をいただいたことに感謝の気持ちを言葉では言い尽くせない。シャープ株式会社の常務執行役員・社長室長兼アセアン代表　橋本仁宏氏、ディスプレイデバイスカンパニー副社長　伴厚志氏をはじめ、有機ＥＬ研究員、ベンチャー活動支援者等に時間をいただき感謝する。また、本復活に関連して希望退職した元従業員の方々にも面談の時間をいただいたことに感謝する。

さらに、シャープ元副社長佐々木正氏に「共創」の概念をうかがった事にお礼の申し上げようもない。

鴻海に関しては、鴻海特別顧問でありファインテック㈱会長である中川威雄氏、フォックスコン日本技研代表矢野耕三氏に深く感謝する。また、『覇者・鴻海の経営と戦略』の著者で熊

本学園大学教授喬 晋建氏に時間を頂いたことに謝意を表する。更に、鴻海へ委託生産していた方々に、面談し感謝する。

東芝に関しては、『東芝粉飾の原点　内部告発が暴いた闇』の著書のある日経BP社小笠原啓氏に謝意を表する。また、元東芝の多くの技術者、東芝メモリの従業員に厚く感謝する。また、有機ELに関しては、九州大学の安達千波矢教授、Kyulux社CFO水口啓氏、JOLED管理本部 副本部長 経営企画部 部長 加藤敦氏に御礼申し上げる。

また、海外では、韓国のLGディスプレイ社長呂相徳（ヨ・サンドク）氏、サムスン電子の副社長等に、インタビューの時間をいただき感謝する。

「分析者」としては、私の液晶産業の研究を指導していただいた立命館大学MOT大学院の元研究科長で主査の阿部惇元教授、副査をしていただいた名取隆教授、玄場公規教授（現法政大学大学院イノベーション・マネジメント研究科　教授）、および先に述べた神戸大学名誉教授吉原英樹氏に、研究方法を指導いただいたことに、感謝の念に堪えない。

このように、本書は「人のつながり」から出来上がっている。

私は、現在、年間500枚ぐらいの名刺を配る。米国で、技術の種を探し回り、「ネットワーキング」の重要性を体得してからの習慣である。大分では「ネットワーキング」の講演を6

回したほどである。

また、これらのインタビューや海外出張等の研究活動が可能になったのは、(独)日本学術振興会(科研費)、(公)電気通信普及財団、(公)清明会、(公)野村マネジメント・スクール、立命館アジア太平洋大学、から研究助成をいただいたおかげであり感謝する。

最後に、私に教育の機会を与えてくれ、現在の私の基礎を築いてくれた両親、故中田行雄・壽美子に感謝する。

そして、私は米国勤務、大学異動、書籍出版、などの無鉄砲な挑戦を続けてきたが、妻光子が私をいつも支えてくれたことに最も感謝する。京都に移動しても、色々な挑戦を続けていくので、支えてほしい。

2019年3月

京都の自宅にて　中田行彦

参考文献

相田英雄（２０１７）『東芝はなぜ原発で失敗したのか』電波社
青木昌彦・安藤晴彦（２００２）『モジュール化　新しい産業アーキテクチャの本質』東洋経済新報社
浅川和宏（２００３）『グローバル経営入門』日本経済新聞社
朝元照雄（２０１４）『台湾の企業戦略』勁草書房
伊丹敬之（２０１７）『難題が飛び込む男　土光敏夫』日本経済新聞出版社
ＮＨＫ「プロジェクトＸ」制作班編（２００４）『プロジェクトＸ　挑戦者たち　８』「液晶　執念の対決〜瀬戸際のリーダー・大勝負」日本放送出版協会
王　樵一（２０１６）『鴻海帝国の深層』永井麻生子（翻訳）翔泳社
大鹿靖明（２０１７）『東芝の悲劇』幻冬舎
大西康之（２０１７）『東芝　原子力敗戦』文藝春秋
大西康之（２０１６）『ロケット・ササキ：ジョブズが憧れた伝説のエンジニア・佐々木正』新潮社
大西康之（２０１４）『会社が消えた日　三洋電機10万人のそれから』日経ＢＰ社
小笠原啓（２０１６）『東芝粉飾の原点　内部告発が暴いた闇』日経ＢＰ社
小川紘一（２０１５）『オープン&クローズ戦略—日本企業再興の条件　増補改訂版』翔泳舎
小野善生（２０１６）『フォロワーが語るリーダーシップ　認められるリーダーの研究』有斐閣
加護野忠男・砂川伸幸・吉村典久（２０１０）『コーポレート・ガバナンスの経営学　会社当地の新しいパラダイム』有斐閣
金井壽宏（２００５）『リーダーシップ入門』日本経済新聞出版社
喬　晋建（２０１６）『覇者・鴻海の経営と戦略』ミネルヴァ書房
北原洋明（２００４）『新液晶産業論　大型化から多様化への転換』工業調査会
楠木　建（２０１０）『ストーリーとしての競争戦略　優れた戦略の条件』東洋経済新報社
クーゼス，Ｍ．ジェームズ、バリー・Ｚ・ポスナー（１９９５）『信頼のリーダーシップ　こうすれば人が動く「６つの規範」』生産性出版
クーゼス，Ｍ．ジェームズ、バリー・Ｚ・ポスナー（２０１４）『リーダーシップ・チャレンジ（第５版）』海と月社
クリステンセン，クレイトン（２００１）『イノベーションのジレンマ　増補改訂版』翔泳社
桑田耕太郎・田尾雅夫（１９９８）『組織論　補訂版』有斐閣
コッター，ジョン・Ｐ（２０１２）『リーダーシップ論—人と組織を動かす能力』ダイヤモンド社

ゴーン，カルロス（2018）『カルロス・ゴーン　国境、組織、すべての枠を超える生き方―私の履歴書』日本経済新聞出版社
榊原清則（2005）『イノベーションの収益化　技術経営の課題と分析』有斐閣
佐々木正（2005）『わが「郊之祭」感謝・報恩の記』財界通信社
佐々木正（2000）『人がやらない、人がやれない』（株）経済界
柴田友厚（2012）『日本企業のすり合わせ能力―モジュール化を超えて』NTT出版
柴田友厚（2008）『モジュール・ダイナミックス　イノベーションに潜む法則性の探求』白桃書房
柴田友厚・玄場公規・児玉文雄（2002）『製品アーキテクチャの進化論　システム複雑性と分断による学習』白桃書房
新宅純二郎・立本博文・善本哲夫・富田純一・朴英元（2008）「製品アーキテクチャから見る技術伝播と国際分業」一橋ビジネスレビュー　5巻2号42～61頁
須田敏子（2018）『組織行動　理論と実践』NTT出版
玉田俊平太（2015）『日本のイノベーションのジレンマ　破壊的イノベーターになるための7ステップ』翔泳社
チェスブロウ，ヘンリー（2008）『オープンイノベーション』英治出版
チェスブロウ，ヘンリー（2004）『OPEN INNOVATION』産業能率大学出版部
張殿文（2014）『郭台銘＝テリー・ゴウの熱中経営塾』黄文雄（監修）、薛格芳（翻訳）ビジネス社
ドーズ，イヴ（2006）「メタナショナル・イノベーション・プロセスを最適化する」組織科学40巻1号4～12頁
出町　譲（2014）『清貧と復興　土光敏夫100の言葉』（文春文庫）文藝春秋
東芝第三者委員会（2015）「調査報告書」　http://www11.toshiba.co.jp/about/ir/jp/news/20150721_1.pdf（最終アクセス　2019年1月24日）
中川威雄（2016）『私の体験―恵まれている日本のものづくり技術開発』「技術と経済」2016年5月号、34～45頁
中川威雄（2012）『世界最大のEMS企業Foxconnのものづくりがベールを脱ぐ』日経ものづくり2012年11月号、153～176頁
中田行彦（2019）インターネット配信「「液晶のシャープ」が有機ELスマホで見せた実力3年ぶりに全貌を現した鴻海・シャープのディスプレイ戦略」JBpress　http://jbpress.ismedia.jp/articles/-/55108、2019年1月3日
中田行彦（2018）インターネット配信「韓国有機ELに印刷方式で挑むJOLED　起死回生の戦略に潜むリスクと寄せられる期待」JBpress
http://jbpress.ismedia.jp/articles/-/54437、2018年10月23日
中田行彦（2018a）『企業復活に導く「日本型リーダーシップ」』経営情報学会2018年10月20日
中田行彦（2018）インターネット配信「韓国勢が先行する有機ELで日本企業がとる背水の陣JOLEDとKyulux日本期待の企

業が繰り出す生き残り戦略を分析する」JBpress　http://jbpress.ismedia.jp/articles/-/54062、２０１８年９月11日

中田行彦（２０１８）インターネット配信「有機ＥＬで独走、韓国ＬＧはテレビ市場の覇権を握るか「完敗状態」の日本勢に挽回の機会はあるのか?」JBpress
http://jbpress.ismedia.jp/articles/-/53847、２０１８年８月21日

中田行彦（２０１８）インターネット配信「シャープ白物家電撤退の衝撃、これが戴社長の真意だ　戴正呉社長の鴻海流「日本型リーダーシップ」の行方」JBpress
http://jbpress.ismedia.jp/articles/-/53765、２０１８年８月９日

中田行彦（２０１８）インターネット配信「シャープＯＢが株主総会で見た鴻海流合理化精神　脱液晶を宣言したシャープ・鴻海連合の「光と影」」JBpress
http://jbpress.ismedia.jp/articles/-/53431、２０１８年６月28日

中田行彦（２０１８）インターネット配信「シャープと東芝、何が運命を分けたのか　東芝パソコン事業を飲み込むシャープ復活の軌跡」JBpress
http://jbpress.ismedia.jp/articles/-/53328。２０１８年６月18日

中田行彦（２０１８）（招待論文）「アジアにおける「ものづくりネットワーク」の新段階：―日韓台中における液晶事業の発展過程の研究から―」アジア経営学会「アジア経営研究」第24号　15頁～28頁　２０１８年８月

中田行彦（２０１６）「「クラウドイノベーション」による起業促進の提案　情報コミュニケーション技術により群集から起業資源を獲得する」日本ベンチャー学会「VENTURE REVIEW」No. 28、39頁～43頁　２０１６年９月

中田行彦（２０１６）『鴻海為什麼贏得夏普』商業周刊（左記書籍の台湾翻訳本）

中田行彦（２０１６）『シャープ「企業敗戦」の深層　大転換する日本のものづくり』イースト・プレス

中田行彦（２０１５）『シャープ「液晶敗戦」の教訓　日本のものづくりはなぜ世界で勝てなくなったのか』実務教育出版

中田行彦・安藤晴彦・柴田友厚（２０１５）『「モジュール化」対「すり合わせ」日本の産業構造のゆくえ』学術研究出版

中田行彦（２０１４）「グローバル戦略的提携における組織間関係：シャープ，鴻海，サムスン，アップルの四つ巴提携の事例」経営情報学会誌　22巻４号、２０１４年３月15日、３０７～３１４頁

中田行彦（２０１３）「多層トリプルへリックスモデルの提案―シリコンバレーにおけるスタンフォード大学と太陽電池ベンチャーの事例研究から―」日本ベンチャー学会誌　「ベンチャーレビュー」、No. 21、２０１３年３月、75～80頁．

中田行彦（２０１２）（招待論文）「印刷法による省エネの有機ＥＬと創エネの有機太陽電池」日本印刷学会誌、Ｖｏｌ．49、２０１２年、３１２～３１７頁

中田行彦（２０１１）「インテグラル型産業における相互依存からの組織間知識創造」イノベーション・マネジメント　８号　法政

大学イノベーション・マネジメント研究センター2011年3月31日　37～55頁（ダウンロード可）
中田行彦（2009）博士論文「産業アーキテクチャから見た組織間知識創造の研究：液晶・半導体・太陽電池・自動車産業の事例からの競争戦略の分析」立命館大学大学院　テクノロジー・マネジメント研究科　博士（技術経営）2009年9月
中田行彦（2009）「なにがビジネス・アーキテクチャの方向を決めるのか　液晶、半導体、太陽電池の比較研究から」マネジメント・ジャーナル　創刊号　神奈川大学国際経営研究所　2009年3月31日5～18頁（ダウンロード可）
中田行彦（2008）「第2章　液晶事業から見たシャープの競争戦略」『日・中・台・韓企業の技術経営比較　ケースに学ぶ競争力分析』編著　福谷正信　中央経済社　2007年7月　27～48頁
中田行彦（2008）「日本はなぜ液晶ディスプレイで韓国、台湾に追い抜かれたのか？―擦り合せ型産業における日本の競争力低下原因の分析―」イノベーション・マネジメント5号　法政大学イノベーション・マネジメント研究センター　2008年3月141～157頁（ダウンロード可）
中田行彦（2007）「液晶産業における日本の競争力―低下原因の分析と『コアナショナル経営』の提案」、経済産業研究所　ディスカッション・ペーパー（07－J－017）（経済産業研究所のHPに掲載）2007年4月85頁（ダウンロード可）
中根康夫（2017）「Flat Panel Display Industry／Consumer Electronics」レポート　みずほ証券
日産財団、太田正孝（2017）『カルロス・ゴーンの経営論』日本経済出版社
日産自動車　V－up推進・改善支援チーム（2013）『日産V－upの挑戦　カルロス・ゴーンが生んだ問題解決プログラム』中央経済社
日本経済新聞社（2016）『シャープ崩壊　名門企業を壊したのは誰か』日本経済新聞出版社
沼上幹（1999）『液晶ディスプレイの技術革新史　行為連鎖システムとしての技術』白桃書房
野中郁次郎・竹内弘高（1996）『知識創造企業』東洋経済新報社
野中郁次郎・徳岡晃一郎（2009）『世界の知で創る　日産のグローバル共創戦略』東洋経済新報社
ハイフェッツ、ロナルド．A．（1996）『リーダーシップとは何か！』産能大学出版部
花崎正晴（2014）『コーポレート・ガバナンス』岩波書店
早川徳次（1992）『私の履歴書　昭和の経営者群像7　早川徳次等』日本経済新聞社
早川徳次（1970）『私の考え方』浪速社
樋口晴彦（2017）『東芝不正会計事件の研究―不正を正当化する心理と組織―』白桃書房
フィッシャー&ユーリー（1990）『ハーバード流交渉術　イエスを言わせる方法』三笠書房
平野隆彰（2004）『シャープを創った男　早川徳次伝』日経BP社
ヴォーゲル、エズラ・F．（1979）『ジャパン・アズ・ナンバーワン―アメリカへの教訓』阪急コミュニケーションズ

藤田勉（2015）『日本企業のためのコーポレートガバナンス講座』東洋経済新報社
藤本隆宏・武石彰・青島矢一（2001）『ビジネス・アーキテクチャ』有斐閣（第1章　藤本隆宏、第2章　青島矢一、武石彰）
藤本隆宏（2004）『日本のもの造り哲学』日本経済新聞社
船田文明（2006）『電子情報通信技術史―おもに日本を中心としたマイルストーン―』電子情報通信学会「技術と歴史」研究会編
　5、6章　液晶ディスプレイ　コロナ社
毎日新聞経済部（2016）『鴻海・郭台銘　シャープ改革の真実』毎日新聞出版
堀江貞之（2015）『コーポレートガバナンス・コード』日本経済新聞出版社
ボールドウィン、カーリス・Y、クラーク、キム・B（2004）『デザイン・ルール　モジュール化パワー』安藤晴彦訳　東洋経済新報社
牧野昇（2003）『逆常識の経営』KKベストセラーズ
町田勝彦（2008）『オンリーワンは創意である』文藝春秋
松崎隆司（2017）『東芝崩壊　19万人の巨艦企業を沈めた新犯人』宝島社
三隅二不二（1986）『リーダーシップの科学　指導力の科学的診断法』講談社
三隅二不二（1966）『新しいリーダーシップ　集団指導の行動科学』ダイヤモンド社
元シャープ社員A（2017）『シャープの中からの風景　シャープ社員がブログに綴った3年間』宝島社
山岡淳一郎（2013）『気骨　経営者土光敏夫』平凡社
山口栄一（2006）『イノベーション　破壊と共鳴』NTT出版
安田峰俊（2016）『野心　郭台銘伝』プレジデント社
山倉健嗣（1993）『組織間関係　企業間ネットワークの変革に向けて』有斐閣
湯之上隆（2013）『日本型モノづくりの敗北　零戦・半導体・テレビ』文藝春秋
ユーリー，ウイリアム（1990）『ハーバード流〝No〟と言わせない交渉術』三笠書房
吉原英樹（1988）『「バカな」と「なるほど」』同文館出版（復刊：吉原英樹（2014）『「バカな」と「なるほど」』株式会社PHP研究所）
吉原英樹・安室憲一・金井一頼（1987）『「非」常識の経営』東洋経済新報社
リッカート、R（1964）『経営の行動科学―新しいマネジメントの探求』（三隅二不二　翻訳）ダイヤモンド社
和田富夫（2007）「『液晶ディスプレイ』に魅せられて」シャープ技報　第96号　2007年11月

【著者略歴】

中田行彦（なかた ゆきひこ）

1946年、京都生まれ。1971年神戸大学大学院卒業後、シャープ株式会社に入社。以降、33年間勤務。液晶の研究開発に約12年、太陽電池の研究開発に約18年。その間、3年米国のシャープアメリカ研究所等米国勤務。

2004年から立命館アジア太平洋大学の教授として「技術経営」を教育・研究。

2017年4月から立命館アジア太平洋大学　名誉教授・客員教授。京都在住。

2009年10月から2010年3月まで、米国スタンフォード大学客員教授

2015年7月から2018年6月まで、日本MOT学会企画委員長

工学博士（大阪大学）、博士（技術経営：立命館大学）

シャープ再建　鴻海流 スピード経営と日本型リーダーシップ

■発行日　平成31年4月15日　初版第一刷発行
■著者　中田行彦
■発行者　漆原亮太
■発行所　啓文社書房
〒160-0022 東京都新宿区新宿1-29-14 パレドール新宿7階
電話 03-6709-8872　FAX 03-6709-8873
■発売所　啓文社
■DTP　株式会社三協美術
■印刷・製本　株式会社 光邦

ISBN 978-4-89992-061-8　C0030　Printed in Japan